工程热力学

李 永 宋 健 编著

机 械 工 业 出 版 社

本书论述了传统能源热力学理论与新能源热力学基础理论，是热力学领域的一部创新型教材，根据国内外热力学领域的最新研究成果，在多年的教学实践的基础上编著而成。全书11章，总结为两篇。第一篇介绍了传统能源热力学，包括热力学的基本理论、基本概念，重点介绍热力学第一定律、热力学第二定律与卡诺定理等，理想气体的热力性质与热力过程等，第二篇介绍了新能源热力学，包括燃料电池热力学、锂电池热力学、太阳能电池热力学、固态电池热力学等。

本书可以作为高等学校车辆、力学、宇航、机械、能源、机电及控制等工科类专业的本科生和研究生的教材或教学参考书，也可作为相关工程技术与研究人员的参考书。

图书在版编目（CIP）数据

工程热力学 / 李永，宋健编著. —北京：机械工业出版社，2017.9（2024.1 重印）
ISBN 978-7-111-57976-2

Ⅰ.①工⋯ Ⅱ.①李⋯②宋⋯ Ⅲ.①工程热力学–高等学校–教材 Ⅳ.①TK123

中国版本图书馆 CIP 数据核字（2017）第 220025 号

机械工业出版社（北京市百万庄大街22号 邮政编码100037）
策划编辑：何士娟 责任编辑：何士娟
责任校对：张晓蓉 封面设计：张 静
责任印制：李 昂
北京中科印刷有限公司印刷
2024 年 1 月第 1 版第 3 次印刷
184mm×260mm · 11.25 印张 · 261 千字
标准书号：ISBN 978-7-111-57976-2
定价：69.80 元

电话服务 网络服务
客服电话：010-88361066 机 工 官 网：www.cmpbook.com
 010-88379833 机 工 官 博：weibo.com/cmp1952
 010-68326294 金 书 网：www.golden-book.com
封底无防伪标均为盗版 机工教育服务网：www.cmpedu.com

前　言

工程热力学是车辆、力学、宇航、机械、机电与控制等专业的学科技术基础课，在这些专业的人才培养中起着至关重要的作用。

随着教学改革和教学研究的深入，**课堂学时数目前被压缩至 48 学时或 32 学时，教学困难突显**。如何让同学们在很短的时间内熟练掌握热力学知识，是教师面临的新挑战，也是新机遇。编著者多年教学实践证明，不演算典型习题，不融入国内外新能源研究的热点与亮点，学生就很难产生兴趣，很难掌握基本概念与解题方法。编著者在多年授课心得的基础上，将学生感到疑难繁杂的内容进行梳理和提炼，精选汇集成此书，目的是使同学们较好、较快地掌握热力学思考和解决问题的实践方法，提高学生的工程思维分析能力。

本书自 2011 年在校内作为内部讲义使用以来，受到同学们普遍欢迎和好评，尤其是受到参加硕士研究生入学考试学生的高度评价。对于学生难以理解和感觉迷茫的热力学第二定律及熵增概念与理论，本书专门将其作为核心内容进行详细阐述，**使学生熟练掌握重理论、重概念、重思路的热力学"三重"分析方法，解决了头绪多、公式多、记忆多的热力学授课"三多"问题。本书紧扣教学大纲，结合教改教研，力求重点突出，言简意赅，举一反三**。第一篇为必须掌握的重中之重内容，第二篇为选择性掌握的前沿内容，适合新能源车辆、宇航、力学等专业学生开阔视野所用。

另外，鉴于学生们对工程热力学参考材料和扩大习题量的迫切要求，以及大量考生对考研与考博的需求，还编写了习题答案·大作业·模拟试卷，题目的范围较广，涉及工程计算和理论分析各方面，有助于大工科类专业的同学闭卷考试、考研、考博复习与自测使用。

本书由北京理工大学李永、清华大学宋健编著。

本书的研究工作得到汽车安全与节能国家重点实验室开放基金与北京理工大学科研项目（20160141090，GZ2017015105，201720141052）资助。

本书所引用的文献尽可能列在参考文献中，但由于工作量大及作者不详，在此对没有说明的文献作者表示歉意和感谢。

由于编著者水平有限，难免有不当和疏漏之处，欢迎读者不吝指正。

本书配备教学课件，选用本书作为教材的教师可在机械工业出版社教育服务网（www.cmpedu.com）注册后免费下载。

客服人员微信：13070116286。

编著者

目　　录

第一篇　基础理论与传统能源

绪　　论

第一节　工程热力学的发展与能源意义

从历史来看，如图 0-1 所示，人类的工业化进程实际上是依靠化石燃料的消费来支撑的，整个阶段都离不开对能源的利用和开发。但是，以煤炭和石油为主的化石燃料，是人类健康的现实和潜在的威胁。能源消费与经济活动和破坏环境联系起来，经济增长就必须消耗一定规模的能源，与此同时就会牺牲一定的环境，如图 0-2 所示。能源是我国经济发展、社会进步的命脉，经济发展与能源结构密切相关，如图 0-3 所示。我国传统能源中石油结构如图 0-4 所示。能源问题关系到社会民生，关系到我国经济安全与可持续发展，具有极其重要的作用。

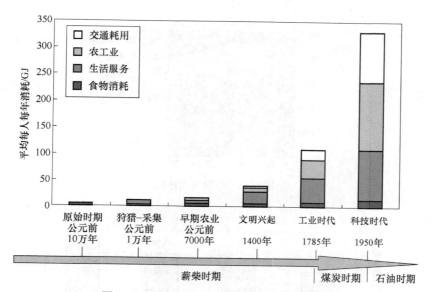

图 0-1　人类工业化进程与传统能源的关系

因此，理解和掌握工程热力学的能源研究对象、主要研究内容和研究方法，理解能源利用的两种主要方式（可再生和不可再生）及其特点，了解常用的能源动力转换装置的工作过程非常重要。从工程技术观点出发，需要研究物质的热力学性质、热能转换为机械能的规律和方法，以及有效、合理地利用能源的途径，开发应用。可利用的能源，如风能、

潮汐能、太阳能、地热能、化学能和核能等。太阳能的利用方式与采集方式如图 0-5 和图 0-6 所示。

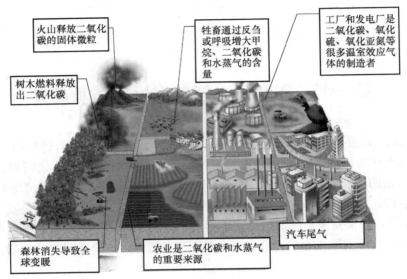

图 0-2　能源与环境的关系图

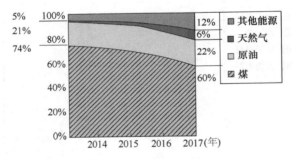

图 0-3　中国能源结构

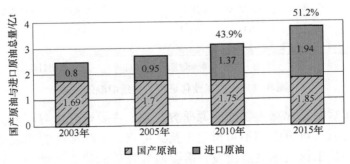

图 0-4　中国石油能源结构（百分数为进口原油占比）

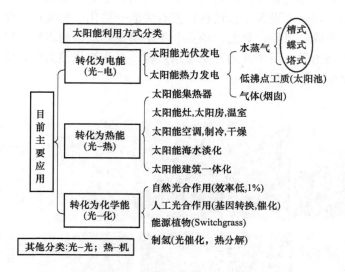

图 0-5　太阳能的利用方式分类

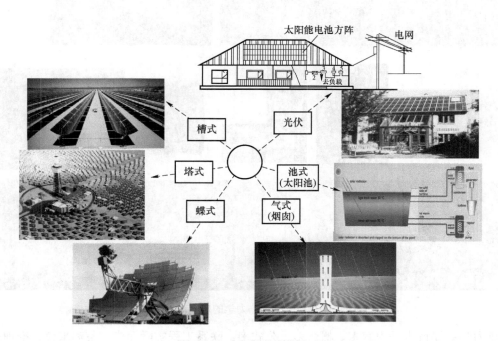

图 0-6　太阳能的采集方式

　　二次能源是由一次能源转换而来的能源，如机械能等。直接利用：将热能用来直接加热物体，如烘干、采暖、熔炼（能源消耗比例大）；间接利用：各种热能动力装置，将热能转换成机械能或者再转换成电能。

　　工程热力学的研究对象是与热现象有关的能量利用与转换规律的科学，如图 0-7 所示。

研究内容是能量转换的客观规律，即热力学第一与第二定律、工质的基本热力性质、各种热工设备的工作过程、与热工设备工作过程直接有关的一些化学和物理化学问题等。宏观热力学的优点是简单、明确、可靠、普遍；缺点是不能解决热现象的本质。微观热力学从物质的微观结构与微观运动出发，用统计的方法总结规律，又称统计热力学，优点是可解决热现象的本质，缺点是复杂、不直观等。

图 0-7　工程热力学的研究对象

　　热力学主要特点是内容多、概念多、公式多；联系工程实际面广；条理清楚，推理严格。应了解热传导过程的方向性；了解什么是第二类永动机，为什么第二类永动机不可制成；了解热力学第二定律的两种表述方法，什么是能量耗散，什么是能源，什么是传统能源；了解传统能源储备与人类需求间的矛盾；了解传统能源的使用与环境污染的关系；了解哪些能源是清洁能源，哪些能源可再生，就能源与环境问题开展研究性学习。

　　高温物体只能"自发地"将热量传给低温物体，而低温物体必须要依靠外界的辅助才能将热量传给高温物体。机械能和内能的转化过程具有方向性，机械能可以全部转化为内能，但内能却不能全部转化为机械能，同时不引起其他变化。不可能使热量由低温物体传递到高温物体，而不产生其他变化（按热传导的方向性表述）。不可能从单一热源吸收热量并把它全部用来做功，而不引起其他变化（按能量转化的方向性表述）。自然界中进行的涉及热现象的宏观过程都具有方向性，因此能量在转化过程中不可能使转化后的能量全部加以利用，总有一部分能量会流散，这种现象叫能量耗散。传统能源有煤、石油、天然气等。新能源有风能、潮汐能、太阳能、原子能、沼气等。传统能源的环境污染的种类有大气污染、水污染、噪声污染，具体表现为温室效应、酸雨、光化学污染等。

第二节　热力学的历史沿革

人类很早就对热有所认识，并加以应用，但将热力学当成一门科学有定量研究，则是从17世纪末开始。热力学发展沿革可分成五个阶段：第一阶段为17世纪末到19世纪中叶，此时期累积了大量实验与观察结果，并制造出蒸汽机，对于热本质展开研究，提出了卡诺理论、热机理论和功热互换原理；第二阶段为19世纪中叶到19世纪末，此阶段热力学第一定律和第二定律完全理论化，由于功热互换原理建立了热力学第一定律，由第一定律和卡诺理论的结合，导致热力学第二定律成熟，以牛顿力学为基础的气体动力学开始发展；第三个阶段为19世纪末到20世纪初，由波兹曼将热力学与分子动力学理论结合（使统计热力学诞生），提出非平衡态理论，吉布斯（Gibbs）建立统计热力学；第四个阶段为20世纪初到21世纪初，引入量子力学而建立了量子统计热力学，非平衡态理论进一步发展，形成了近代热力学理论与实验物理学中最重要一环；第五阶段为21世纪初至今，可再生与可持续新能源热力学起步与发展。

热力学是研究能量、能量转换以及与能量转换有关的物性间相互关系的科学。热力学（thermodynamics）一词是由热（thermo）和动力（dynamics）组成的，即由热产生动力，反映了热力学起源于对热机的研究。18世纪末到19世纪初，随着蒸汽机的广泛使用，如何充分利用热能来推动机器工作成为重要研究。1824年，法国的卡诺（Carnot）发表了"关于火的动力研究"的论文。他通过对自己构想的理想热机分析得出结论：热机必须在两个热源之间工作，理想热机效率只取决于两个热源的温度，工作在两个热源之间的所有热机，其效率都无法超过可逆热机，热机在理想状态下也不可能达到100%，这就是卡诺定理。蒸汽机的发明，使工业革命在欧洲兴起。当时热机工程界对这样两个问题进行着热烈的讨论：热机效率是否有极限？什么样的热机工作物质是最理想的？卡诺采用了理想热机模型，提出了"卡诺热机"和"卡诺循环"概念及"卡诺定理"。根据卡诺热机理论，"卡诺热机"是一切工作于相同高温热源和低温热源之间的热机中效率最高的热机，是一种理想热机。"卡诺循环"是一种可逆循环，是熵保持不变的循环。"卡诺定理"论述："热动力与用来产生它的工作物质无关，由在它们之间产生效力的物体（热源）温度来确定，还与热质的输运量有关。"随后，迈耶（Mayer）提出了迈耶公式。1847年，德国物理学家亥姆霍兹（Helmholtz，1821—1894）发表了"论力的守衡"一文，全面论证了能量守恒和转化定律。1843—1848年，英国焦耳（James

Prescott Joule，1818—1889）以确凿无疑的定量实验结果为基础，论述了能量守恒和转化定律。焦耳的热功当量实验是热力学第一定律的实验基础。根据热力学第一定律热功可以按当量转化，而根据卡诺定理热却不能全部变为功，当时不少人认为二者之间存在着根本性的矛盾。1850 年，德国物理学家克劳修斯（Clausius，1822—1888）进一步研究了热力学第一定律和卡诺定理，发现二者并不矛盾。他指出，热不可能独自地、不付任何代价地从冷物体转向热物体，并将这个结论称为热力学第二定律。克劳修斯在 1854 年给出了热力学第二定律的数学表达式，1865 年提出"熵"的概念。1851 年，英国物理学家开尔文（Lord Kelvin，1824—1907）指出，不可能从单一热源取热使之完全变为有用功而不产生其他影响。这是热力学第二定律的另一种说法。1853 年，他把能量转化与物系的内能联系起来，给出了热力学第一定律的数学表达式。1875 年，美国耶鲁大学教授吉布斯（Josiah Willard Gibbs）发表了"论多相物质之平衡"的论文，他在熵函数基础上引出了平衡的判据；提出了热力学的重要概念，用以处理多组分的多相平衡问题，得到多相平衡规律。吉布斯的工作，把热力学和化学在理论上紧密结合起来，奠定了化学热力学的重要理论基础。

特别值得注意的是，卡诺循环和卡诺定理是热力学的重要基础理论。卡诺从热力学理论的高度着手研究热机效率，设计了两条等温线、两条绝热线构成的卡诺循环：第一阶段，温度为 T_1 的等温膨胀过程，系统从高温热源 T_1 吸收热量 Q_1；第二阶段，绝热膨胀过程，系统温度从 T_1 降到 T_2；第三阶段，温度为 T_2 的等温压缩过程，系统把热量 Q_2 释放给低温热源 T_2；第四阶段，绝热压缩过程，系统温度从 T_2 升高到 T_1。他研究的结论，就是人们总结的卡诺定理，其核心内容是，在相同高温热源 T_1 和相同低温热源 T_2 之间工作的一切可逆卡诺热机（在实现热的动力过程中，不存在任何不是由于体积变化而引起的温度变化的热机），不论用什么工作物质，效率 η 均小于 1。而在相同高温热源与相同低温热源之间工作的一切不可逆卡诺热机的效率总小于可逆卡诺热机的效率。卡诺从理论上论证了热机存在极限和可逆卡诺热机的效率最大，这为改进蒸汽机做出了重大的理论突破，同时为热力学的进一步发展奠定了坚实基础。卡诺在研究热机效率时，已经触及一条反映状态转化方向的自然规律。但遗憾的是，卡诺认为：单独提供热不足以给出推动力，只有热从高温传向低温的过程，才可能产生推动力。1850 年，克劳修斯在卡诺的基础上统一了能量守恒和转化定律与卡诺定理，指出：一个自动运作的机器，不可能把热从低温物体移到高温物体而不发生任何变化，这就是热力学第二定律。不久，开尔文又提出：不可能从单一热源取热，使之完全变为有用功而不产生其他影响；或不可能用无生命的机器把物质的任何部分冷却至比周围最低温度还低，从而获得机械功。这就是热力学第二定律的"开尔文表述"。奥斯特瓦尔德则表述：第二类永动机不可能制造成功。

克劳修斯是热力学理论的奠基者之一，它最著名的成就是提出了热力学第二定律。人类科学发展到 19 世纪，蒸汽机的应用已经十分广泛，如何进一步提高热机的效率问题越来越受到人们的重视，成了理论物理研究的重点课题。1824 年，卡诺在永动机不可能的基础上证明了后来著名的卡诺定理，这不仅推论出了热机效率的最上限，而且也包含了热力学第二定律的若干内容。此后，经过许多科学家长期的研究，到 19 世纪中叶，建立了能量转化和守恒定律，这是物理学中极其重要的普遍规律，很快就成为研究热和其他各种运动形式相互转化的坚实基础。克劳修斯从青年时代起，就决定对热力进行理论上的研究，他认为在理论上有了突破，提高热机的效率问题就可以迎刃而解。1850 年，克劳修斯发表了第一篇关于热的理论的论文——《论热的动力以及由此推出关于热本身的定律》。在论文里，他首先以当时焦耳用实验方法所确立的热功当量为基础，第一次明确提出了热力学第一定律：在一切由热产生功的情况中，必有和所产生的功成正比的热量被消耗掉；反之，消耗同样数量的功，也就会产生同样数量的热。按照这个基本定律，克劳修斯又以理想气体为例，进行了进一步的论述。

19 世纪 50 年代，克劳修斯等建立了热力学理论，并用热的运动学说作为基础来进行分子运动研究，这大大促进了分子运动学说的发展。1857 年，克劳修斯发表了一篇具有奠基性质的论文《论我们称之为热的那种运动》。论文内容丰富，阐述了多个有关分子运动的问题。克劳修斯从气体是运动分子集合体的观点出发，认为考察单个分子的运动既不可能也毫无意义，系统的宏观性质不是取决于一个或某些分子的运动，而是取决于大量分子运动的平均值。因此，他提出了统计平均的概念，这是建立分子运动论的前提。根据这个前提，克劳修斯建立了理想气体分子运动的模型，并强调分子的动能不仅是它们的直线运动，而且是分子中原子旋转和振荡的运动，从而确定了实际气体和理想气体的区别。在此基础上，克劳修斯计算了碰撞器壁的分子数和相应分子的动量变化，并通过一系列复杂的演算和论证，最终得出了因分子碰撞而施加给器壁的压强公式，从而揭示了气体定律的微观本质。1879 年，克劳修斯荣获了著名的英国皇家学会科普利奖章，他提出了热力学第二定律和熵的概念，还计算得出了分子运动速度，并揭示出分子运动速度和气体扩散两者快慢不一的原因，从而成为分子运动论的奠基者之一。

开尔文是英国著名物理学家，1890—1895 年任伦敦皇家学会会长，1877 年被选为法国科学院外籍院士，1904 年任格拉斯哥大学校长。开尔文是热力学的主要奠基人之一，在热力学的发展中做出了一系列的重大贡献。他根据盖·吕萨克、卡诺和克拉珀龙的理论，于 1848 年提出并于 1854 年修改的绝对热力学温标，是现代科学上的标准温标。开尔文指出：“这个温标的特点是它完全不依赖于任何特殊物质的物理性质。”这是现代科学上的标准温标。开尔文是热力学第二定律的两个主要奠基人之一（另一个是克劳修斯），1851 年他提出热力学第二定律：“不可能从单一热源吸热使之完全变为有用功而不产生其他影响。”这是公认的热力学第二定律的标准说法。并且指出，如果此定律不成立，就必须承认有一种永动机，它可以借助于使海水或土壤冷却而无限制地得到机械功，即所谓的第二种永动机。他从热力学第二定律断言，能量耗散是普遍的趋势。

热力学基本定律反映了自然界的客观规律，以这些定律为基础进行演绎、逻辑推理而得到的热力学关系与结论，显然具有高度的普遍性、可靠性与实用性，可以应用于机械工程、车辆工程、宇航工程、化学工程等各个领域。工程热力学主要研究热能动力装置中工作介质的基本热力学性质、各种装置的工作过程以及提高能量转化效率的途径等。

第三节　热力学基本定律的形成

卡诺（Carnot，1796—1832）指出热不是一种物质而是一种能量的形成，他是最早

有能量守恒概念的人。19 世纪中叶以后，卡诺理论被人们再次重视，加上德国迈耶和英国物理学家焦耳的努力才改变了人们的观念，促使了热力学第一定律和第二定律成熟的产生。迈耶和焦耳提出功能互换的原理。1840 年左右，迈耶的第一篇论文寄给德国物理年鉴，文中提出能量守恒和转换的概念，认为运动、热、电等都可以归结为一种力的现象，它们有一定的规律转换，但此论文被退回并未发表。1842 年，迈耶又投稿到化学年鉴，除了重述能量守恒的概念，还提出热可以做功，功也可以产生热的能量等价的观念，并根据比热实验数据推出热功当量。他于 1845 年印发了第三篇论文，明确指出是如何计算热功当量的，是气体在等压膨胀过程中所做的功等于定压下所吸收热量与定容下所吸收的热量之差。后来称 $C_p - C_v = R$ 为迈耶公式。英国焦耳证明由功转换成热时，功和所产生热之比是一个恒定的值，即热功当量。他从 1843 年开始发表了一系列论文，描述了如何测热功当量，到 1878 年得到当量值 4.154J/cal，与现今的标准值误差在 1%之内。与焦耳同时期，德国的亥姆霍兹也对能量守恒和转换定律做了巨大的贡献，他将能量形成及守恒的理论进行了系统整合。

因为功、能互换及能量守恒的概念在 1845 年左右已形成，故热力学第一定律数学式也呼之欲出。德国科学家克劳修斯是第一位把热力学第一定律用数学形式表达出来的人。1850 年，在克劳修斯所发表论文中，以水蒸发为例，认为物体热量的增加量 dQ 等于物体中热量的变化 dH、内功的变化 dJ 和外功变化 dW 的和，即

$$dQ = dH + dJ + dW$$

他把物体中存在的热，解释成物体组成粒子的动能，与温度相关，而内功则是由粒子系统所定的状态函数。但因不知这两者具体表达式，而将上式写成

$$dQ = dU + dW$$

克劳修斯没有对 U 命名，后来开尔文称 U 为内能。

热力学第二定律的发现与提高热机效率的研究有密切的关系。蒸汽机在 18 世纪就已经发明了，瓦特在 1765 年和 1782 年两次改进蒸汽机的设计，但效率不高。1824 年，卡诺发表了论文即卡诺定理，对于热力学第二定律的热机理论有重要作用。此论文提出可逆的卡诺循环，得知理想发动机效率取决于热质的转移过程，且与两个温度差有关。同时推论出永动机是不可能实现的，并证明此种循环是具有最大效率的循环。在表示出热力学第一定律的 1850 年的论文中，克劳修斯也用能量守恒和转换的观点重新验证了卡诺定理，并提出热力学第二定律。在其 1854 年的论文中提到"如果没有外界做功，热永远不能由冷的物体传向热的物体"。到了 1865 年，第二定律概念更加成熟，克劳修斯提出熵的概念，而写出另一种形式的热力学第二定律，即对于所有可逆循环过程中，有

$$\oint \frac{dQ}{T} = 0$$

几乎与克劳修斯同时间，开尔文研究卡诺循环也提出热力学第二定律，同时，定出绝对温标，又称热力学温标 K。

第四节 熵 与 能 源

熵的概念对许多人是陌生的，它很抽象，也极其令人费解。其实，熵的规律对我们每个人来说都有着不少的感性认识。当把一杯开水放到桌子上，通过热传导，热量从水传到空气中，最后水温与空气温度一致。在自然状态下，绝不会出现与此相反的过程，把热量从空气传到水，使水升温成沸水，而空气的温度则自动降低。当把几滴墨水滴入一杯清水中，墨水分子会自动在水中扩散，最后水的颜色处处均匀一致，变成一杯黑色溶液。与之相反，要墨水分子从这种均匀混合的状态中自动聚集起来，凝成几滴墨水的过程是绝不会发生的。一辆沿一个方向运动着的汽车，由于车轮与地面的摩擦，会不断地把它的动能转变成使车轮和地面发热的热能，这意味着汽车一个自由度上的能量被分配到许多自由度上，使车轮和地面的无数粒子做无规则的热运动。而相反的过程则是无法实现的，即不能通过加热车轮和地面使汽车获得动能。这些都是不可逆过程的例子。伴随着不可逆过程的进行，有一个量在一直增加着，这就是熵。所有参与不可逆过程的物体的熵之和是单调增加的，这就是熵演变的规律，它概括了不可逆过程的普遍特征。

熵的概念一开始就和能的概念关系密切。克劳修斯把它定名为 Entropie，是德语"能量"的词冠"En"和变异的词根"tropien"相组合。他说："有意把这个词拼成 Entropie，以便与 Energie（能量）尽可能地相似，因为这两个词表示的量在物理学上都有重要意义而且关系密切，所以名称上的相似，是有好处的。"从热力学意义上看，熵与能的关系是这样的：熵增加意味着系统的能量从数量上讲虽然守恒，但"品质"却越来越差，越来越不中用，被用来做功的可能性越来越小，不可用程度越来越高，这就是"能量退化"。例如，汽车车轮与地面摩擦生热的过程就是个熵增加的过程，摩擦的机械运动变成分子的热运动，机械能变成热能；虽然能量守恒，但不可能让热能做功，再完全自动地变成机械能。显然，热能的"品质"要比机械能差，热能的不可用程度比机械能高。熵的增加意味着能量在质方面的"退化"。因此，熵和不可用能的关系十分密切。从统计意义上看，熵反映了分子运动的混乱程度，它是混乱程度的量度。熵增加反映自发过程总是从热力学概率小（或微观态数少，即混乱度低）的宏观态向热力学概率大（或微观态数多，即混乱度高）的宏观态进行。系统的最终状态是对应于热力学概率最大，即最混乱的状态——平衡状态。墨水分子在清水中的扩散，就是从有序到无序（混乱）、从概率小的状态向概率大的状态的演变。

如上所说，不可逆过程的熵增加意味着宏观能量的退化和微观混乱的增加，可见这两者是一致的。汽车车轮与地面摩擦生热，把机械能变成热能；与之相应，微观上，车轮一个自由度上的机械运动变成了地面及轮子分子多个自由度上的热运动，混乱程度显然是增加了。总之，热力学第一定律反映了能量转化的等值性，而热力学第二定律则反映了能量转化的不可逆性。能量与熵这两个物理量，它们既有密切联系又有本质的不同。"能源"的本意是指能量的来源。例如，太阳辐射到地球表面上的能量，就是人类使用的能量的主要来源。"能源"的另一层意思，是指能量资源。例如，存在于自然界中的煤、石油、天然气等化石燃料，铀、钍等核燃料，以及生物体等都属于能源；由这些物质加工而得的焦炭、煤油、电、

沼气等也是能源。前者以现存的形式存在于自然界中，为一次能源。后者为从一次能源直接或间接转换而来的人工能源，为二次能源。根据能源本身性质的不同，我们把能量比较集中的含能物质，如化石燃料、核燃料、生物体、地热蒸气、高位水库等称为"含能体能源"，而把能量比较集中的物质运动过程，如流水、潮汐、风、地震、太阳能等称为"过程性能源"，而把可以直接用来驱动机器做功的能源称为"动力性能源"。前者的例子是煤、天然气等，后者的例子如电、高压水、压缩空气等。能源是人类生活和生产资料的来源，是人类社会和经济发展的物质基础。随着科学的进步，经济的飞速发展，以及人口的急剧增长，人们已经开始认识到能源是有限的，如果不高度重视能源枯竭问题，将会出现不堪设想的后果。能源问题的物理实质是物质与能量的转化问题，这些转化都为以下三条基本规律所支配：

（1）物质守恒定律。物质可以从一种形式转化为另一种形式，但它既不能产生，也不能消灭。

（2）能量守恒定律。普遍的能量守恒与转化定律是大家所熟悉的，对一个孤立系统，其总能量是一个恒量。力学中的机械能守恒定律、流体力学中的伯努利过程、热学中的热力学第一定律、电学中基尔霍夫第一定律、量子物理中的爱因斯坦光电效应方程等，都是能量守恒定律在不同物理过程中的具体表现。历史上，有不少人为解决能源问题而试图设计一种无须输入能量而不断对外做功的机器，这种"第一类永动机"之所以失败，就是因为违背了能量守恒定律。

（3）熵增加原理。效率为100%的循环动作的热机，即所谓第二类永动机的失败，导致了热力学第二定律的发现。不论是热量传递还是热、功转换，这些不可逆过程的非对称性行为，相当于孤立系统中熵总是增加的（至少是保持不变），这就是熵增加原理。

熵增加原理是个统计性原理，它指出一切宏观自发过程都是沿着从低概率到高概率、从有序到无序的方向进行的。用这个原理考察涉及物质转化和能量转化的各种过程时，可以发现，一切宏观自发过程的结果，必然是导致物质密度的均值化（均匀分布）和分子能量的均值化。我们以燃煤火力发电为例对此予以说明。煤炭是一种植物化石燃料，燃烧过程中释放出来的热能实际上是储存在古代植物体中又在地下保存了千百万年的太阳能。在火力发电过程中，由于受汽轮发电机的效率及燃烧的不完全性等因素的制约，储存在煤炭中的化学能只有一小部分转变成了有用能——电能，而大部分热能（存在于废气、冷却剂中的热能以及机械部件摩擦产生的热能等）却被排放入周围环境（空气、水和大地）中，成了不可用能。由此可见，人类利用能量源的过程，实际上是一种能量转化过程。在此过程中，总能量保持不变，但集中在能源中的有用能的数量在不断减少，而均匀分布在环境中的不可用能的数量在不断增加（熵增加原理）。因此，所谓能源枯竭、能源危机，只是能源消耗而导致有用能急剧减少、不可用能急剧增加的代名词，是熵增加原理的反映，并不违背能量守恒定律。另一方面，煤的燃烧是一种氧化反应，其生成物 CO_2、CO、SO_2 等的总质量等于燃烧前煤和氧的总质量，这些生成物排放到环境中以后，扩散开来均匀分布，造成间接污染。由此可见，人类利用能源的过程，又是一种物质转化过程，在此过程中物质总量保持不变，但集中的能源的数量不断减少，而均匀分布在环境中的无用物、废物、污染物的数量在不断增加，这也是熵增加原理的一种反映。

人类开发和利用能源，实现能量与物质的转化，在取得巨大经济效益的同时，也带来了能源枯竭和环境污染两大问题。

思考题

【思考题 0-1】简述雾霾的起因、发展与应对措施。

【思考题 0-2】构思简易太阳能汽车，分析太阳能电池的布置方式。

【思考题 0-3】简述太空太阳能发电站的工作原理。

【思考题 0-4】汽车和手机无线充电的电能从哪里来？

【思考题 0-5】压电材料可否用作高速公路材料为汽车充电，试论述。

第 一 篇

基础理论与传统能源

第一章

基 本 概 念

- ❧ **学习目标:** 使学生了解热能在热机中转换为机械能的热能动力装置,掌握状态、状态参数、平衡状态、状态方程式、可逆过程、准静态过程、过程功及热量、热力循环等基本概念,如图1-1所示。
- ❧ **学习重点:** 热能在热机中转变成机械能的过程,即热力系统,热力循环。
- ❧ **学习难点:** 掌握工程热力学中的一些基本术语和概念,如热力系、平衡态、准平衡过程、可逆过程等。
  掌握状态参数的特征,基本状态参数 p、V、T 的定义和单位等。
  掌握热量和功量过程量的特征,并会用系统的状态参数对可逆过程的热量、功量进行计算。

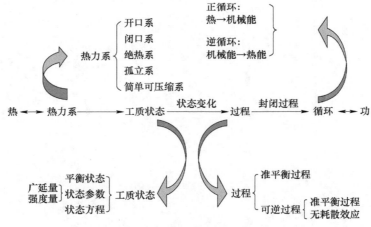

图1-1　热力学的基本概念示意图

一、热能在热机中转变成机械能的过程

热能动力装置的概念:从燃料中得到热能,以及利用热能得到动力的整套装置(包括辅助设备),统称热能动力装置。热能动力装置可分为蒸汽动力装置和燃气动力装置两大类。内燃机主要工作部件有气缸和活塞。内燃机在工作时活塞做往复无能运动,这个运动借助于连杆和曲柄使内燃机由轴转动,以带动机器工作,如图1-2所示。内燃机的工程过程包括吸气、压缩燃烧、膨胀和排气四个过程。燃料和空气的混合物在气缸中燃烧,释放出大量热能,使

燃气的温度、压力大大高于周围介质的温度和压力而具备做功的能力。它在气缸中膨胀做功，推动活塞，这时气体的能量通过曲柄连杆机构传给装在内燃机曲轴上的飞轮，转变成飞轮的动能。飞轮的转动带动曲轴，向外做出轴功，同时完成活塞的逆向运动，排出废气，为下一轮进气做好准备。每经过一定的时间间隔，空气和燃料即被送入气缸，并在其中燃烧、膨胀，推动活塞做功。这样，活塞不断地往复运动，曲轴则连续回转。飞轮从气体那里所得到的能量，除了部分作为带动活塞逆向运动所需的能量外，其余部分传递给工作机械加以利用。此外，排出的废气把一部分燃料化学能转换来的热能排向环境大气。车辆与内燃机的典型热能转化，V6 内燃机动态工作原理如图 1-3 所示。内燃机活塞与动态尺度表征如图 1-4 所示。连杆如图 1-5 所示。在制动过程中，车辆制动能量耗散示意如图 1-6 所示。新能源车辆制动能量回收的台架实验如图 1-7 所示。

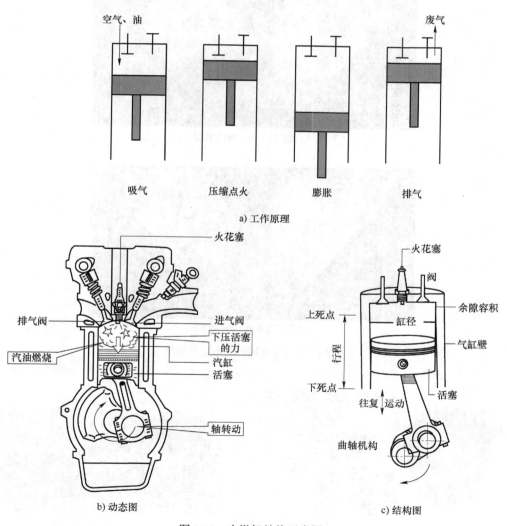

a) 工作原理

b) 动态图

c) 结构图

图 1-2 内燃机结构示意图

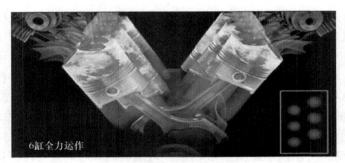

a) 满负荷全力运作图

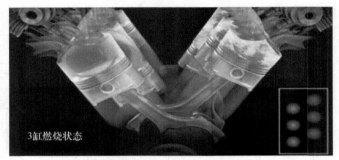

b) 钝缸技术中，3缸工作图

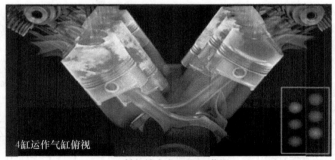

c) 钝缸技术中，4缸工作图

图 1-3　V6 内燃机动态工作原理

图 1-4　内燃机活塞实物与动态尺度表征图

图 1-5　连杆实物图

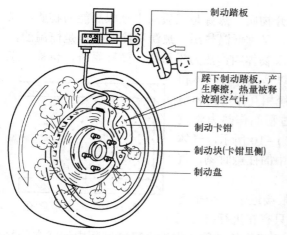

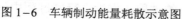

图1-6　车辆制动能量耗散示意图　　　图1-7　新能源车辆制动能量回收的台架实验

蒸汽动力装置是由锅炉、汽轮机、冷凝器、泵等组成的一套热力设备。燃料在锅炉中燃烧，使化学能转变为热能，锅炉沸水管内的水吸热后变为蒸汽，并且在过热气内过热，成为过热蒸汽。此时蒸汽的温度、压力比外界介质（空气）的温度及压力高，具有做功能力。当它被导入汽轮机后，先通过喷管膨胀，速度增大，热力学能转变成动能，如图1-8所示。这样，具有一定动能的蒸汽推动叶片，使轴做功。做功后的废气从汽轮机进入冷凝器，冷凝成水，并再由泵送入锅炉。如此周而复始，通过锅炉、汽轮机、冷凝器等不断把燃料中化学能转变而来的热能中的一部分转变成功，另一部分则排向环境介质。燃气轮机的原理如图1-9所示。

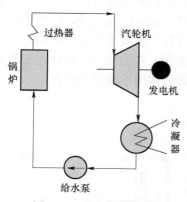

图1-8　蒸汽机原理图

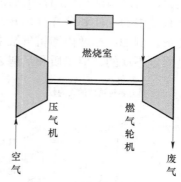

图1-9　燃气轮机的原理

活塞式内燃机的燃烧、膨胀、压缩过程在气缸内；蒸汽式动力装置的燃烧、膨胀、冷凝等过程分别发生在不同的设备里。活塞式内燃机中气体的膨胀过程发生在气体无宏观运动的状况下，蒸汽动力装置中气体的膨胀过程是发生在有宏观运动的状况下。概括起来说，无论哪一种动力装置，总是用某种媒介物质从某个能源获取热能，从而具备做功能力并对机器做功，最后又把余下的热能排向环境介质。吸热、膨胀做功、排热对任何一种热能动力装置都是共有的。

工质是能实现热能和机械能相互转化的媒介物质。热源是工质从中吸取热能的物质，又称高温热源。冷源是接受工质排出热能的物质，又称低温热源。**热源和冷源可以是恒温的，也可以是变温的。**在热力学中，把要研究的宏观物体叫作热力学系统，简称系统，也称为工作物质。热力学系统是由大量分子组成的，可以是固体、液体和气体等。本章主要研究理想气体。与热力学系统相互作用的环境称为外界。热力学系统的状态随时间变化的过程叫作热力学过程。例：推进活塞压缩气缸内的气体时，如图 1–10 所示，气体的体积、密度、温度或压强都将变化，在过程中的任意时刻，气体各部分的密度、压强、温度都不完全相同。

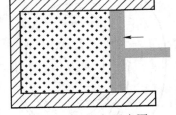

图 1–10　气缸示意图

一个过程，如果任意时刻的中间态都无限接近于一个平衡态，则此过程为准静态过程。显然，这种过程只有在进行得"无限缓慢"的条件下才可能实现。准静态过程是理想化的过程；作为准静态过程中间状态的平衡态，具有确定的状态参量值，对于简单系统可用 p–V 图上的一点来表示这个平衡态。系统的准静态变化过程可用 p–V 图上的一条曲线表示。这条曲线被称为过程曲线。

二、热力系统

热力学中常把要分析的对象从周围的物体中分离出来，研究它与周围物体的能量和物质的传递。这种被人为分离出来作为热力学分析对象的有限物质系统被称为热力系统，如图 1–11 所示。简单地说，就是具体指定的热力学研究对象。与热力系统有相互作用的周围物体统称为外界。系统和外界之间的分界面叫作边界。边界可以是实际存在的，假想的，如图 1–12 所示。在前一节中，当取汽轮机中的工质作为热力系统时，工质和汽轮机之间存在着实际的边界，而进口前后或出口前后的工质之间却并无实际的边界。此外也可人为地设想一个边界把系统中的工质和分界分离开来。系统和外界之间的边界可以是固定不动的，也可有位移和变形。例如：当取内燃机气缸中的工质（燃气）作为热力系统时，工质和气缸壁之间的边界是固定不动的，但工质和活塞之间的边界却可移动不断改变位置。

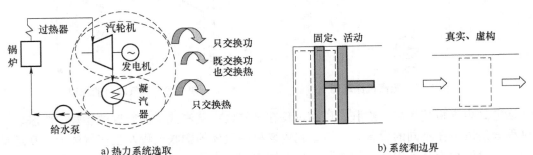

a) 热力系统选取　　　　　　　　　　b) 系统和边界

图 1–11　热力系统和边界

一般根据热力系统和外界能量、物质交换的情况不同，划分为以下几种类型。

① 一个热力系统如果和外界只有能量交换而无物质交换，则该系统称为闭口系统

（图 1–12）。闭口系统内的质量保持恒定不变，所以又称控制质量系统。对于闭口系统，常用控制质量法来研究。

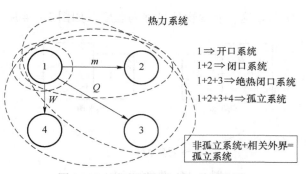

图 1–12 热力系统基本定义示意图

1⇒开口系统
1+2⇒闭口系统
1+2+3⇒绝热闭口系统
1+2+3+4⇒孤立系统

非孤立系统+相关外界=孤立系统

② 一个热力系统和外界不仅有能量交换，而且有物质交换，称为开口系统。开口系统通常总取一相对固定容积，又称为控制容积系统，对其常用控制容积法来研究。

③ 当热力系统和外界无热量交换，称为绝热系统。

④ 当一个热力系统和外界既无能量交换又无物质交换时，称为孤立系统。孤立系统的一切相互作用都发生在系统内部。

简单可压缩系统：热力系统由可压缩流体构成，与外界只有可逆体积变化功的交换的系统，称为简单可压缩系统。工程热力学中讨论的大部分系统均是简单可压缩系统。另外，也可按系统内部的不同，将系统分为均匀系统、非均匀系统、单元系统、多元系统等，在这里就不一一介绍了。

三、工质的热力学状态及其基本状态参数

工质在热力变化过程中的某一瞬间所呈现的宏观物理状况称为工质的热力学状态，简称状态。工质在热力设备中，必须通过吸热、膨胀、排热等过程才能完成将热能转变为机械能的工作。在这些过程中，工质的物理性能随时在变化，或者说，工质的热力学状态随时在变化。从热力学观点出发，状态可分为平衡和非平衡两种，前者是经典热力学理论框架得以建立的重要基础，后者属于非平衡热力学（或不可逆热力学）的研究范畴。用来描述工质所处状态的宏观物理量称为状态参数，如温度、压力等。

工程热力学只从总体上去研究工质所处的状态及其变化规律，我们只采用宏观量来描写工质所处的状态。当状态参数一旦完全确定，工质的状态也就确定了，因而状态参数是热力系统的单值函数。在研究热力过程时，常用的状态参数有 6 个：压力 p、温度 T、体积 V、热力学能（内能）U、焓 H、熵 S；其中压力 p、温度 T 及体积 V 可直接用仪器测量，使用最多，称为基本状态参数。

这些参数可分为强度量、广延量、比参数（广延量的比参数）。与系统质量的多少无关的量称为强度量，如压力 p、温度 T。与系统质量的多少成正比，具有可加性的量称为广延量，如热力学能 U、焓 H、熵 S、体积 V。单位质量工质的广延量的数值称为比参数。比参数具有强度量的性质，不具有可加性。通常，广延参数用大写字母表示，其比参数用小写字母表示。下面着重介绍三个基本状态参数：温度 T、压力 p 和体积 V。

从宏观上说，温度是物体冷热程度的标志。冷热程度不同的两个物体接触时，它们之间将发生热量交换，净能流将从较热的物体流向较冷的物体，经过一段时间后，它们将达到相同的冷热程度，不再有净能量交换。物质具备某种宏观性质：各物质这一性质不同时，若它们相互接触，其间将有净能流传递；当这一性质相同时，它们之间达到热平衡，如图 1–13

所示。这一宏观物理量称为温度，如图 1-14 所示。

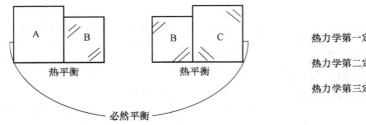

图 1-13　热平衡示意图　　　　　　图 1-14　热力学三个定律示意图

从微观上：温度标志物质分子热运动的激烈程度。对于气体，温度可以用分子平均平移动能的大小来表示。当两个物体接触时，通过接触表面，能量从高温一侧传递给低温一侧，**能量传递的方向总是从高温侧传向低温侧。**

测量温度的仪器叫作温度计。温度计的感应元件应随物体冷热程度的不同有显著的变化。温度的数值表示叫作温标。**由选定的任意一种测量物质的某种物理性质，采用任意一种温度标定规则所得到的温标叫作经验温标。** 由于经验温标依赖于测温物质的性质，当选用不同测温物质的温度计，采用不同的物理量作为温度的标志来测量温度时，除选定为基准点的温度，其他温度的测量可能只有微小差异。**任何一种经验温标不能作为度量温度的标准。** 国际上规定热力学温标作为测量温度的最基本温标，它根据热力学第二定律的基本原理制定，与测量的温度无关，可以成为度量温度的标准。热力学温标的温度单位是开尔文，符号为 K（开），把水的三相点的温度，即水的固相、气相、液相平衡共存状态的温度作为单一基准点，并规定为 273.16℃，热力学温度（K）是水的三相点温度的 1/273.16。摄氏度与热力学温度的关系为

$$t = T - 273.16 \text{℃}$$

由上式可知，摄氏度与热力学温度无实质差异，而仅仅零点的取值不同。

单位面积上所受的垂直作用力称为压力（压强），表达式为

$$p = \frac{F}{A}$$

气体的压力是组成气体的大量分子在紊乱的热力运动中对容器壁频繁碰撞的结果。压力计是测量工质压力大小的仪器。测量压力的测压元件（压力计）处于某种环境压力作用下，因此不能直接测得绝对压力，而只能测出绝对压力和当时当地的大气压的差值，称为表压力或真空度。用 p 表示工质的绝对压力，p_b 表示大气压力，p_e 表示表压力，p_v 表示真空度，则绝对压力、表压力、真空度的换算关系可由以公式表示出来：

① 当绝对压力大于大气压时：$p = p_b + p_e$。

② 当绝对压力小于大气压时：$p = p_b - p_v$。p、p_b、p_e、p_v 的关系如图 1-15 所示。

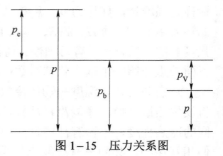

图 1-15　压力关系图

从以上几个关系式可看出，即使工质的绝对压力不变，表压力和真空度都有可能变化，因为大气压有可能变化。在用压力计（图 1-16）进行热工测量时，必须同时用气压计测定当时当地的大气压力，才能得到工质真正的绝对压力。当工质绝对压力很大时，可把大气压力视为常数。压力单位及其相互间的换算：

① 法定计量单位：帕斯卡（Pa），$1Pa=1N/m^2$。

② 工程中常用的单位：标准大气压（atm，也称物理大气压），巴（bar），工程大气压（at），毫米汞柱（mmHg），毫米水柱（mmH_2O）。它们之间的相互换算关系见表 1-1。

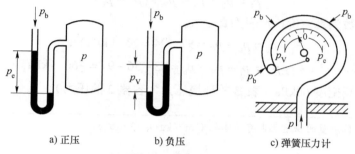

a) 正压　　　　　　b) 负压　　　　　c) 弹簧压力计

图 1-16　压力计

表 1-1　各种压力单位的换算关系

换算关系	Pa	bar	atm	at	mmHg	mmH_2O
1Pa 等于	1	1×10^5	0.986923×10^{-5}	0.101972×10^{-5}	7.50062×10^{-2}	0.1019712
1bar 等于	1×10^5	1	0.986923	1.01972	750.062	10197.2
1atm 等于	101325	1.01325	1	1.03323	760	10332.4
1at 等于	980665	0.980665	0.967841	1	735.559	1×10^{-4}
1mmHg 等于	133.3224	133.3224×10^{-5}	1.31579×10^{-3}	1.35951×10^{-3}	1	13.5951
$1mmH_2O$ 等于	9.80665	9.80665×10^{-5}	9.07841×10^{-5}	1×10^{-4}	735.559×10^{-4}	1

【例 1-1】某容器被一刚性壁分成两部分，在容器的不同部位设有压力计如图 1-17 所示，设大气压力为 97kPa。求：

（1）若压力表 B、C 读数分别为 75kPa、0.11kPa，试确定表 A 读数及容器两部分气体的绝对压力。

（2）若表 C 为真空计，读数为 24kPa，压力表 B 读数为 36kPa。试问 A 表是什么表，读数是多少？

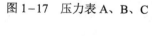

图 1-17　压力表 A、B、C

解：（1）因为

$$p_1 = p_C + p_b = p_B + p_2 = p_B + p_A + p_b$$

$$p_C = p_B + p_A$$

$$p_A = p_C - p_B = 110 - 75 = 35 \quad (kPa)$$

所以

$$p_1 = p_C + p_b = 110 + 97 = 207 \quad (kPa)$$

所以
$$p_2 = p_A + p_b = 35 + 97 = 132 \quad (\text{kPa})$$

（2）由表 B 的读数可知

因为
$$p_1 = p_C + p_b = p_B + p_2$$

所以
$$p_1 > p_2$$

又因为 C 表为真空表

所以
$$p_b > p_1 > p_2$$

又因为
$$p_1 = p_B + p_2 = p_B + (p_A + p_b)$$

得表 A 的读数为真空度，A 表为真空表，

所以
$$p_1 = p_b - p_C = 97 - 24 = 73 \quad (\text{kPa})$$

$$p_A = p_1 - p_B - p_b = 73 - 36 - 97 = -60 \quad (\text{kPa})$$

即表 A 的读数为真空度 60kPa（表 B 的环境压力为容器 2 的压力）。

比体积 v 为单位质量的物质所占有的体积（m^3/kg），表达式为

$$v = \frac{V}{m} \quad \text{或} \quad V = mv$$

式中，v 为比体积；V 为体积（m^3）；m 为质量（kg）。

密度为单位体积物质的质量（kg/m^3），表达式为

$$\rho = \frac{m}{V}$$

V 和 ρ 互成倒数，因此不是相互独立的参数。工程热力学中通常用 V 作为独立参数。

四、平衡状态、状态方程式、坐标图

一个热力系统，若在不受外界影响的条件下，能够始终保持不变的状态，叫作系统的**平衡状态**。系统达到平衡状态后，系统本身所具有的宏观性质就完全确定，即其各状态参数也就确定了。平衡状态如图 1-18 所示。

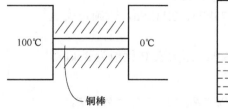 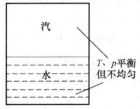

图 1-18　平衡状态

平衡状态必须满足系统内部所有宏观性质的平衡条件。例如：力的平衡（压力相等）、热的平衡（温度相等）、相平衡及化学平衡（化学势相等）等条件。只有当系统内部所有宏观性质的平衡得到满足时，才不会发生任何宏观性质的变化过程。只要系统内部任何一种宏观性

质未达到平衡条件，即不平衡状态。不平衡状态的系统，在无外界影响的情况下总会自发地趋于平衡；相反地，平衡状态在外界作用的影响下，就不能继续保持平衡。气、液两相密度不同，整个系统就是不均匀的，因此均匀并非系统处于平衡状态的必要条件。一个热力系统，若其两个状态相等，则其所有的状态参数均一一对应相等。对于简单可压缩系统，只要两个独立状态参数对应相等，即可判定该热力系统的两状态相同。

对于简单可压缩系统，在处于平衡状态时，若两个独立的状态参数确定，则其他的状态参数可通过一定的热力学函数关系来确定，这样系统的平衡状态就完全确定了。**温度、压力和比体积这三个基本状态参数之间的函数关系是最基本的热力学函数关系，称为状态方程，可表示为**

$$f(p,v,T) = 0$$

或写成显式形式为

$$p = p(T,v) , \quad T = T(p,v) , \quad v = v(p,T)$$

这里只给出表达形式，针对具体情况，状态方程有具体的表述，将在以后的章节中进行介绍。对于简单可压缩系统，只需有两个独立的状态参数确定，其平衡状态也就确定了，因此应用二维平面坐标图就足够了。常用的坐标图有压容图（$p-v$ 图）、温熵图（$T-s$ 图）、焓熵图（$h-s$ 图）等。

在这些平面坐标图上，任意一点代表一个平衡状态，与该点相对应的两个坐标值就是该平衡态下的独立状态参数。当系统处于非平衡状态时，不能用确定的状态参数来描述，自然也不能用状态参数坐标图上的一点来表示其状态了。状态参数坐标图不仅能用点来表示系统的平衡状态，而且能用曲线或面积形象地表示工质所经历的变化过程及过程中相应的热量和功量。在热力分析中，状态参数坐标图将起很大的作用。例如图 1-19b 中所示的等温线，在 $p-v$ 图中，阴影部分面积表示过程所做的功；$T-s$ 图（图 1-19a）中，阴影部分面积表示过程所产生的热量。

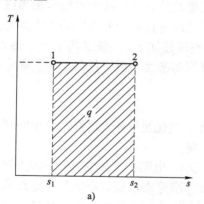
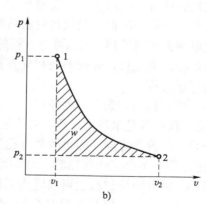

图 1-19 状态坐标图

因此，总结状态参数坐标图的两个功能如下：
① 其上每一点表示一个平衡状态，所对应的坐标值为该平衡态下独立状态参数。
② 过程曲线表示所经历过程的热量及功量。

五、工质的状态变化过程

系统内部存在着势差，这是系统发生状态变化的内因。系统趋于平衡的过程称为**弛豫过程**。弛豫过程所经历的时间称为弛豫时间。**准平衡过程指状态变化过程中每个中间状态都是平衡状态的过程**。那么，这种既发生变化又都是平衡状态的过程怎样理解呢？如图 1-20 所示，设气缸中有 1kg 气体，状态参数为 p、v、T。取气体为热力系，则气体对活塞的作用力为 $p_1 A$，若 $p_1 A = p_{ext,1} A + F$，则活塞静止不动，气体状态如图 1-19 中 1 点所示。

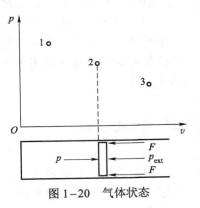

图 1-20　气体状态

当 $p_{ext,1}$ 减小至 $p_{ext,2}$ 时，两边不平衡，$p_1 A > p_{ext,2} A + F$，气体推动活塞右行，直至达到新的平衡，$p_2 A = p_{ext,2} A + F$，当 $p_{ext,2}$ 减小至 $p_{ext,3}$ 时，重复上述过程，在 3 点达到一个新的平衡。若此过程中外界的作用力只改变了一个微小量，且改变时间的间隔足以使气体恢复平衡态，**好像工质在整个过程中没有离开平衡态**，此过程就称为准平衡过程。

由此可见，气体工质在压力差作用下实现平衡态的条件是系统在每次变化时仅足够小地偏离平衡状态，而且外界条件的变化速度足够慢时，外界变化速度慢到每次变化都能使系统有足够的时间（弛豫时间）来恢复平衡后再承受下一次变化。在上述条件下就能实现每个中间状态都是平衡状态的准静态过程。由于准静态过程所经历的中间状态都是平衡态，每个状态都可在状态参数坐标图上描述出来，并可用一条过程曲线将该过程形象地表示出来。准平衡过程实际上是一种理想的过程，但工程上的大多数过程，由于热力系统平衡的速度很快，仍可作为准平衡过程进行分析。

进一步看上面的例子，工质从 1→2→3 的过程中，当此过程已是准静态过程时，热源和工质的温度随时相等，或只差一个无限小量，工质对外界的反抗力也随时相等或只差一个无限小量。若此时不存在摩擦，则此过程就随时可逆向进行，使外力压缩工质并向热源排热，这样的过程就称为可逆过程。因此**可逆过程的完整表述如下：系统经历了一个热力过程之后，如果可沿原过程逆向进行，并使系统和外界都回到初态而不留下任何影响，则称系统原先经历的过程为可逆过程**。

可看出可逆过程必须满足下列条件：

① 可逆过程必须是准静态过程，势差足够小，变化足够慢，这样每个中间状态均为平衡态，而且一旦势差改变方向，即可改变过程的方向。

② 可逆过程中不存在任何耗散，如摩擦、扰动、电阻、永久变形等，因为耗散必导致无法消除的影响。因此**可逆过程也可表述为无耗散的准静态过程**。不满足可逆过程条件的所有过程叫作不可逆过程，只要有下列因素之一即可视为不可逆过程：温差传热、混合过程、自由膨胀、摩擦生热、阻尼振动、电阻热效应、燃烧过程及非弹性变形等。

一般实际过程均为不可逆过程，可逆过程仅是热力学特有的、理想化的过程。因为实际上，有势差才有过程，摩擦等耗散效应是不可避免的，而研究可逆过程是为了研究上的简便，研究各种热力过程的目的也是设法减小不可逆因素的影响，使其尽可能地接近可逆过程。

六、过程功和热量

功和热量是在热力过程中系统与外界发生的两种能量交换形式。下面分别介绍这两种能量交换形式，以及可逆过程中的功和热量的计算式。

在热力学中，功定义为热力系统通过边界而传递的能量。力学中对功的数学表达式为

$$\delta W = f\mathrm{d}x \quad 或 \quad W_{1-2} = \int_1^2 F\mathrm{d}x$$

约定：**系统对外界做功为正，而外界对系统做功为负**。功的法定计量单位为焦耳，用符号表示为 J（$1\mathrm{J} = 1\mathrm{N} \cdot \mathrm{m}$）；单位质量的物质所做的功称为比功，单位为 J/kg；单位时间内完成的功为功率，单位为 W（瓦），$1\mathrm{W} = 1\mathrm{J/s}$，工程中常用 kW 作为功率的单位。

下面讲述，可逆过程的功。以准静态过程（图1-21）为例，$m\mathrm{kg}$ 工质吸热膨胀。可逆过程中，工质的状态变化是连续的，从状态 1 到状态 2 中的每一个中间过程状态均为平衡状态，且不发生能量耗散，那么气体吸收的热量，除了使气体内部分子运动加剧外，其余全部转变成机械功。因为过程是可逆的，所以工质加在活塞上的力 F 和外界施加在活塞上的力只差一个微小量，按照上面我们对功的定义，工质膨胀移动了 $\mathrm{d}x$ 距离时反抗外力所做的功为

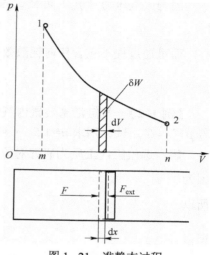

图1-21　准静态过程

$$\delta W = F\mathrm{d}x = pA\mathrm{d}x = p\mathrm{d}V \tag{1-1}$$

则从状态 1 到状态 2，工质所做功的总和为

$$W_{1-2} = \int_1^2 p\mathrm{d}V \tag{1-2}$$

这个积分从数值上讲，等于面积 12nm1 所围成的面积，即膨胀功 W_{1-2} 在 $p-V$ 图上可用过程线下方的面积 12nm1 来表示，因此 $p-V$ 图也叫示功图。

如果是 1kg 气体，则所做的功为

$$\delta w = \frac{1}{m} p\mathrm{d}V = p\mathrm{d}v \quad\quad w_{1-2} = \int_1^2 p\mathrm{d}v \tag{1-3}$$

过程以反向 2→1 进行时，同样可得到

$$w_{2-1} = \int_2^1 p\mathrm{d}v \tag{1-4}$$

此时，$\mathrm{d}v$ 为负值，故所得的功也是负值。工程热力学中约定：正值代表气体膨胀对外做的功；负值表示外力压缩气体所消耗的功。

分析以上过程，当从状态 1 到状态 2 经过不同路径时，12nm1 在不同曲线下所围面积肯定不相同，此时工质所做的功也不同，说明功不仅与状态 1、2 的参数有关，而且与经过的路径有关，所以功不是一个状态参数，而是一个过程量，不能表示为状态参数的函数，即

$w \neq f(p,v)$。另外膨胀功和压缩功都是通过工质的体积变化而与外界交换的功，因此统称为体积变化功。

在闭口系统中，若存在摩擦等耗散，则工质膨胀所做的功则不全部用于对外界做有用功，它所做的功一部分用于反抗外界大气压力，一部分因摩擦而耗散，剩下的才是对外界做的有用功，用 W_u、W_l、W_r 分别表示有用功、摩擦耗功及排斥大气功，则有

$$W_\mathrm{u} = W - W_\mathrm{l} - W_\mathrm{r} \tag{1-5}$$

因为大气压力（p_0）可被认为是定值，故有

$$W_\mathrm{u} = p_0(V_2 - V_1) = p_0 \Delta V \tag{1-6}$$

而可逆过程不包含任何耗散效应，$W_\mathrm{l} = 0$，则可用功可简化成

$$W_\mathrm{u,re} = \int_1^2 p\mathrm{d}V - p_0(V_2 - V_1) \tag{1-7}$$

【例 1-2】一气缸活塞装置内气体由初态 $p_1 = 0.3\mathrm{MPa}$、$V_1 = 0.1\mathrm{m}^3$，可逆膨胀到 $V_2 = 0.2\mathrm{m}^3$。若 $pV^n = C$，试分别求 $n=1.5$、$n=1.0$、$n=0$ 时的膨胀功。

解：选气缸内工质为研究对象

因为 $$pV^n = C$$

所以 $$p_1 V_1^n = p_2 V_2^n = C$$

所以 $$p_2 = \frac{p_1 V_1^n}{V_2^n} = \frac{0.3 \times 0.1^n}{0.2^n}$$

当 $n \neq 1.0$ 时，有

$$W = \int_{V_1}^{V_2} p\mathrm{d}V = \int_{V_1}^{V_2} \frac{C}{V^n}\mathrm{d}V = C\left(\frac{V_2^{1-n} - V_1^{1-n}}{1-n}\right) = \frac{(p_2 V_2^n)V_2^{1-n} - (p_1 V_1^{1-n})V_1^{1-n}}{1-n} = \frac{p_2 V_2 - p_1 V_1}{1-n}$$

（1）当 $n=1.5$ 时，$p_2 = \dfrac{0.3 \times 0.1^{1.5}}{0.2^{1.5}} = 0.106$（MPa）

$$W = \frac{0.106 \times 0.2 - 0.3 \times 0.1}{1-1.5} = 17.6 \times 10^3(\mathrm{J}) = 17.6(\mathrm{kJ})$$

（2）当 $n=0$ 时，$p_2 = p_1 = 0.3\mathrm{MPa}$

$$W = \frac{0.3 \times 0.2 - 0.3 \times 0.1}{1-0} = 30 \times 10^3(\mathrm{J}) = 30(\mathrm{kJ})$$

（3）当 $n=1.0$ 时，$pV = p_1 V_1 = p_2 V_2 = C$

所以 $$p = \frac{C}{V}$$

$$W = \int_{V_1}^{V_2} p\mathrm{d}V = \int_{V_1}^{V_2} \frac{C}{V}\mathrm{d}V = C\ln\frac{V_2}{V_1} = p_1 V_1 \ln\frac{V_2}{V_1} = 0.3 \times 0.1 \times \ln\frac{0.2}{0.1} = 20.79 \times 10^3(\mathrm{J}) = 20.79(\mathrm{kJ})$$

由这个例子可看出功是过程量。在过程变化中，工质所经历的路径不同，则所做的功就不同。

以上面例子为例，首先要弄明白什么叫作热量。热力系统和外界之间仅由于温度不同而通过边界传递的能量叫作热量。热量的单位是焦耳（J），工程上常用千焦（kJ）来表示热量的多少。

工程中约定：**体系吸热，热量为正；反之热量为负**。热量用大写字母 Q 表示，用小写字母 q 表示1kg工质所吸收的热量。

系统在可逆过程中与外界交换的热量可由计算式 $\delta q = T\mathrm{d}s$ 及 $q_{1-2} = \int_1^2 T\mathrm{d}s$ 表示，另外可逆过程热量 q_{1-2} 在 $T-s$ 图上可用过程线下方的面积来表示，如图1-22所示。

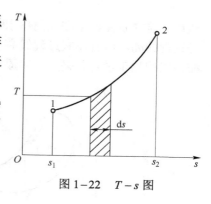

图1-22　$T-s$ 图

可见，热量同功量一样，均是能量传递的度量，同样也是过程量，只有在能量传递过程中才有所谓的功和热量，但功和热量也有不同之处，主要是以下几点：

① 功是通过有规则的宏观运动来传递能量的，而热量则是通过大量微观粒子杂乱的热运动来传递能量的。

② 做功过程中往往伴随能量形式的转化，传热不出现能量形式的转化。

③ 功变热量是无条件的、自发的，热量变功则是有条件的，需消耗外功（此点可用热力学第二定律来加以证明，说明功热的转换是有方向性的）。

七、热力循环

工质由某一初态出发，经历一系列热力状态变化后，又回到原来初态的封闭热力过程称为热力循环，简称循环。循环按性质可分为可逆循环（全部由可逆过程组成）和不可逆循环（循环中部分或全部过程不可逆）；按循环效果及进行方向可分为正向循环（热能转化成机械能）和逆向循环（机械能转化成热能）。

通常用经济性指标来表示热力效率：

$$经济性指标 = \frac{得到的收获}{花费的代价}$$

正向循环也叫热动力循环。

1kg工质在封闭气缸内进行一个任意的可逆正向循环，其 $p-v$ 图及 $T-s$ 图如图1-23所示。图1-23a中 1→2→3 为膨胀过程，过程功为面积 S_{123nm1}。3→4→1 为压缩过程，该过程消耗的功为 S_{341mn3}，工质完成一个循环后对外做的净功称为循环功，以 w_{net} 表示。w_{net}=膨胀功–压缩消耗功，其值为图中循环曲线所包围的面积 S_{12341}。根据以前约定：工质膨胀做功为正，压缩做功为负，因此净功 w_{net} 就是工质沿一个循环过程所做功的代数和，数学表达式为

$$w_{net} = \oint \delta w$$

为使工质所做净功为正，可采取以下方法：使工质在膨胀过程开始前或膨胀过程中，与高温热源接触，从中吸入热量；而在压缩过程开始前或过程中，工质与低温热源接触，放出

热量。这样就保证了在相同体积时膨胀过程的温度比压缩过程的高，使膨胀过程的压力比压缩过程的高，做到膨胀过程线高于压缩过程线，例如图 1-23a 中，$v_2 = v_4$，而 $p_2 > p_4$。现在使用的热工设备多采用上述原理。

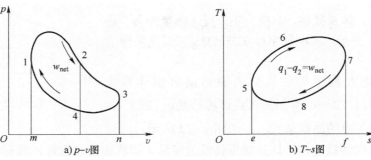

图 1-23　正向循环

图 1-23b 图中，5→6→7 是工质从热源吸热，热量为 S_{567fe5}，用 q_1 表示；7→8→5 是放热过程，热量为面积 S_{785ef7}，用 q_2 表示。循环过程中，工质与热源及冷源所交换热量的代数和为

$$q_{net} = q_1 - q_2 = \oint \delta q$$

正向循环在 $p-v$ 及 $T-s$ 图上都是按顺时针方向进行的。正向循环的经济性用热效率 η_t 来衡量，正向循环的收益是 w_{net}，花费的代价为工质吸收的热量 q_1，故 $\eta_t = \dfrac{w_{net}}{q_1}$。$\eta_t$ 越大，表明吸入同样热量 q_1 时得到的循环功 w_{net} 越多，热机的经济性越好。

逆向循环主要用于制冷装置及热泵系统，在制冷装置中，功源（如电动机）供给一定的机械能，使低温冷藏库或冰箱中的热量排向温度较高的大气环境；而在热泵中，热泵消耗机械能，把低温热源（如室外大气）的热量输入高温热源（室内空气），以维持高温热源的温度。两种装置用途不同，但热力学原理相同，均是消耗机械能（或其他能量），把热量从低温热源传向高温热源。

图 1-24a 中，工质沿 1→2→3 膨胀至状态 3，然后沿较高的压缩线 3→4→1 回到状态 1，这时压缩功大于其膨胀功，故需外界向工质输入功，其值为循环净功 w_{net}，即 $p-V$ 图中 1234 所包围的面积。图 1-24b 中，同一循环 5→6→7 为吸热过程，7→8→5 为放热过程。工质从低温热源吸热为 q_2，向高温热源放热为 q_1，其值之差为循环净热量 q_{net}，即 $T-s$ 图中封闭曲线所包围的面积 S_{56785}。逆向循环时，工质吸热前可进行膨胀降温过程（如绝热膨胀），使工质温度降低到能自低温热源吸取热量；而在放热前进行压缩升温过程（如绝热压缩），使其温度能升高至向高温热源放热。逆向循环在 $p-v$ 及 $T-s$ 图上都按逆时针方向进行。制冷循环及热泵循环用途不同，收益不同，其经济指标也不同。

制冷时，制冷系数 ε 为

$$\varepsilon = \frac{q_2}{w_{net}}$$

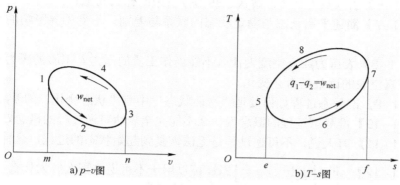

a) $p{-}v$图   b) $T{-}s$图

图1–24 逆向循环

热泵系统中，热泵系数 ε' 为

$$\varepsilon' = \frac{q_1}{w_{net}}$$

ε 或 ε' 越大，其循环经济性越好。

基本公式总结	
公 式	备 注
$v = \dfrac{V}{m} \qquad \rho = \dfrac{m}{V}$	
$p = p_g + p_b$ $p = p_b - p_v$	当 $p > p_b$ 时 当 $p < p_b$ 时
$t = T - 273.15\text{K}(\text{℃}) \qquad$ 或 $\qquad T = t + 273.15\text{℃}(\text{K})$	
$W_{re} = \int_1^2 p\,dV \qquad$ 或 $\qquad w_{re} = \int_1^2 p\,dv$ $Q_{re} = \int_1^2 T\,dS \qquad$ 或 $\qquad q_{re} = \int_1^2 T\,ds$	可逆循环 （下角 re 表示可逆过程）
$\eta_t = \dfrac{W_{net}}{Q_1} = \dfrac{w_{net}}{q_1}$	动力循环
$\varepsilon = \dfrac{Q_2}{W_{net}} = \dfrac{q_2}{w_{net}}$	制冷循环
$\varepsilon' = \dfrac{Q_1}{W_{net}} = \dfrac{q_1}{w_{net}}$	热泵循环

思考题

【思考题1–1】有人说，如果容器中气体压力保持不变，那么压力表的读数一定也保持不变。这种说法对吗？

【思考题1–2】"平衡"和"均匀"有什么区别和联系。

【思考题1–3】"平衡"和"过程"是矛盾的还是统一的？

【思考题1–4】"过程量"和"状态量"有什么不同？

【思考题1–5】进行任何热力分析是否都要选取热力系统？

【思考题 1-6】 引入热力平衡态解决了热力分析中的什么问题？

【思考题 1-7】 简述平衡状态与稳定状态的联系与差别。不受外界影响的系统稳定态是平衡态吗？

【思考题 1-8】 表压力或真空度为什么不能当作工质的压力？工质的压力不变化，测量它的压力表或真空表的读数是否会变化？

【思考题 1-9】 准静态过程如何处理"平衡状态"中有"状态变化"的矛盾？

【思考题 1-10】 准静态过程的概念为什么不能完全表达可逆过程的概念？

【思考题 1-11】 有人说，不可逆过程是无法恢复到起始状态的过程，这种说法对吗？

【思考题 1-12】 $w = \int p\mathrm{d}v$、$q = \int T\mathrm{d}s$ 可以用于不可逆过程么？为什么？

【思考题 1-13】 闭口系统与外界无物质交换，系统内质量保持恒定，那么系统内质量保持恒定的热力系统一定是闭口系统吗？

【思考题 1-14】 有人认为开口系统内系统与外界有物质交换，而物质又与能量不可分割，因此开口系统不可能是绝热系统。这种说法对不对，为什么？

【思考题 1-15】 平衡状态与稳定状态有哪些区别和联系？

【思考题 1-16】 如果容器中气体的压力没有改变，试问安装在该容器上的压力表的读数会改变吗？绝对压力计算公式中，即 $p=p_b+p_g(p>p_b)$，$p=p_b-p_v(p<p_b)$，当地大气压是否必定是环境大气压？（见思考题图 1-1）

【思考题 1-17】 温度计测温的基本原理是什么？

【思考题 1-18】 经验温标的缺点是什么？为什么？

【思考题 1-19】 促使系统状态变化的原因是什么？请举例说明。

【思考题 1-20】 以参加公路自行车赛的运动员、运动手枪中的压缩空气、杯子里的热水和正在运行的电视机为研究对象，请说明这些是什么系统。

【思考题 1-21】 家用电热水器是利用电加热水的家用设备，通常其表面散热可忽略（思考题图 1-2）。取正在使用的家用电热水器为控制体（但不包括电加热器），这是什么系统？把电加热器包括在研究对象内，这是什么系统？什么情况下能构成孤立系统？

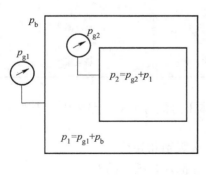

思考题图 1-1

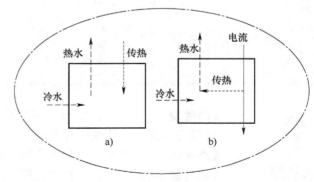

思考题图 1-2

【思考题 1-22】 分析汽车动力系统（思考题图 1-3）与外界的质能交换情况。

【思考题 1-23】 经历一个不可逆过程后，系统能否恢复原来的状态？包括系统和外界的整个系统能否恢复原来的状态？

【思考题 1-24】 思考题图 1-4 中容器为刚性绝热容器，分成两部分：一部分装气体；一部分抽成真空，中间是隔板。

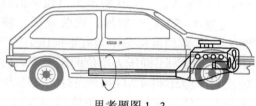

思考题图 1-3

（1）突然抽去隔板，气体（系统）是否做功？

（2）设真空部分装有许多隔板，逐个抽去隔板，每抽一块板让气体先恢复平衡再抽下一块，则又如何？

（3）上述两种情况从初态变化到终态，其过程是否都可在 $p-v$ 图上表示？

【思考题 1-25】 思考题图 1-5 中过程 1→a→2 是可逆过程，过程 1→b→2 是不可逆过程。有人说过程 1→a→2 对外做功大于过程 1→b→2，你是否同意他的说法？为什么？

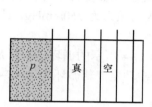

思考题图 1-4

思考题图 1-5

【思考题 1-26】 系统经历一可逆正向循环及其逆向可逆循环后，系统和外界有什么变化？若上述正向循环及逆向循环中有不可逆因素，则系统及外界有什么变化？

【思考题 1-27】 工质及气缸、活塞组成的系统经循环后，系统输出功中是否要减去活塞排斥大气功才有有用功？

 ## 习　题

【题 1-1】 一立方体刚性容器，每边长 1m，将其中气体的压力抽至 1000Pa，问其真空度为多少毫米汞柱？容器每面受力多少牛顿？已知大气压力为 0.1MPa。

【题 1-2】 试确定表压为 0.01MPa 时 U 形管压力计中液柱的高度差。

（1）U 形管中装水，其密度为 1000kg/m³。

（2）U 形管中装酒精，其密度为 789kg/m³。

【题 1-3】 用 U 形管测量容器中气体的压力。在水银柱上加一段水柱（题图 1-1），测得水柱高度为 850mm，汞柱高度为 520mm。当时大气压力为 755mmHg，问容器中气体的绝对压力为多少？

【题 1-4】 气象报告中说，某高压中心气压是 1025mbar。它相当

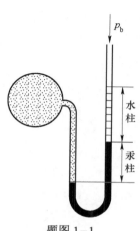

题图 1-1

于多少毫米汞柱？它比标准大气压高出多少毫巴？

【题 1-5】有一容器，内装隔板，将容器分成 A、B 两部分（题图 1-2）。容器两部分中装有不同压力的气体，并在 A 的不同部位安装了两个刻度为不同压力单位的压力表。已测得 1、2 两个压力表的表压依次为 9.82at 和 4.24atm。当时大气压力为 745mmHg。试求 A、B 二部分中气体的绝对压力（单位用 MPa）。

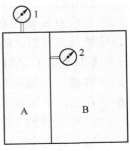

题图 1-2

【题 1-6】从工程单位制水蒸气热力性质表中查得水蒸气在 500℃、100at 时的比容和比焓为：$v=0.03347\text{m}^3/\text{kg}$，$h=806.6\text{kcal/kg}$。在国际单位制中，这时水蒸气的压力和比内能各为多少？

【题 1-7】摄氏温标取水在标准大气压力下的冰点和沸点分别为 0℃ 和 100℃，而华氏温标则相应地取为 32℉ 和 212℉。试导出华氏温度和摄氏温度之间的换算关系，并求出绝对零度（0K 或 -273.15℃）所对应的华氏温度。

【题 1-8】如题图 1-3 所示，圆筒容器表 A 的读数为 360kPa，表 B 的读数为 170kPa，表示 I 室的压力高于 II 室的压力，大气压力为 760mmHg，试求真空室及 I 室和 II 室的绝对压力、表 C 的读数以及圆筒顶面所受力。

【题 1-9】1kg 气体经历如题图 1-4 所示的循环，A 到 B 直线变化，B 到 C 定容变化，C 到 A 定压变化，试求 A-B-C-A 的净功量。若循环为 A-C-B-A，则净功量的变化为多少？

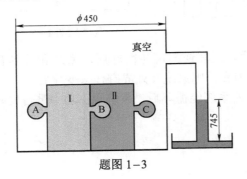

题图 1-3

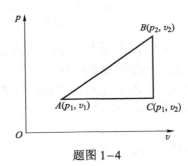

题图 1-4

第二章

热力学第一定律及其应用

🔖 **学习目标**：① 理解热力学的方法、建立内能和焓是状态函数的概念，掌握状态函数性质和热力学第一定律，掌握理想气体在各种过程中ΔU、ΔH、Q与W的计算。

② 弄清热力学的基本概念。掌握热、功与内能三者的区别和联系；充分理解状态函数的意义及数学性质。明确焓的定义，它和内能一样都是状态函数。会计算可逆过程和各种变化过程的ΔU、ΔH、Q与W。

③ 能从能量的观点理解热力学第一定律及其表达式，会用$\Delta U = W + Q$分析和计算问题。

④ 掌握能量守恒定律，理解这个定律的重要意义，会用能量转化和守恒定律的观点分析。

⑤ 能综合运用学过的知识，用能量守恒定律进行有关计算、分析、解决有关问题。

🔖 **学习重点**：① 重点掌握下列热力学基本概念：平衡状态，状态函数，可逆过程。

② 重点掌握热力学第一定律的叙述及数学表达式。

③ 重点明确内能、焓、标准生成焓的定义并会应用。

④ 重点掌握在物质的p、V、T变化以及相变化和化学变化过程中，计算热、功和内能、焓变化值的方法。

🔖 **学习难点**：① 掌握平衡状态，状态函数，可逆过程等热力学基本概念。

② 内能、焓、标准生成焓的定义及其应用。

③ 在物质的p、V、T变化，相变化及化学变化过程中计算热、功和内能、焓变化方法。

  焦耳（Joule，1818—1889）于 1840 年最早研究了电流的热效应，焦耳进行了大量的实验，测定了功与热相互转化的数值关系——热功当量，如图 2-1 所示。1956 年国际规定的热功当量精确值为 1cal=4.1868J；能量守恒和转化定律是：自然界一切物体都具有能量，能量有各种不同形式，它能从一种形式转化为另一种形式，从一个物体传递给另一个物体，在转化和传递中能量的数值不变。第一类永动机是不可能制造的，同理，人们又有了做电功改变系统状态的实验，如图 2-2 所示。

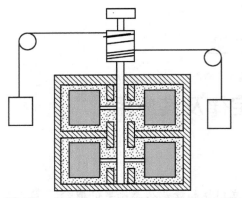
图2-1 做机械功改变系统状态的焦耳实验

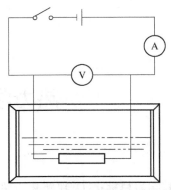
图2-2 做电功改变系统状态的实验

一、热力学第一定律的基本概论

热力学是研究能量相互转换过程中所应遵循的规律的科学，其基本框架如图2-3所示。广义来说，热力学是研究体系宏观性质变化之间的关系，研究在一定条件下变化的方向和限度。主要内容是热力学第一定律和第二定律。这两个定律都是20世纪建立起来的，是人类经验的总结，有着牢固的实验基础。21世纪初又建立了热力学第三定律。

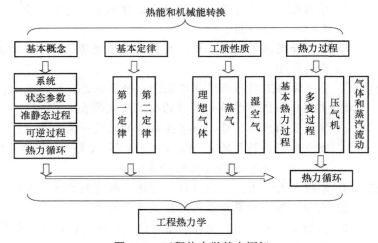
图2-3 工程热力学基本框架

1. **热力学的方法特点**

① 适用于大量质点构成的宏观体系，不适用于分子的个别行为。

② 不考虑物质的微观结构和反应机理，只知道始终态即可。

热力学的局限性为：

① 它只考虑平衡问题，只计算变化前后总账，无须知道物质微观结构的知识。即只能对现象之间联系进行宏观了解，不能进行微观说明，结果导致知其然而不知其所以然。

② 它只能告诉我们在某种条件下，变化能否发生，进行的程度如何，而不能说明所需的

时间、经过的历程、变化发生的根本原因。

2. 热力学的研究对象

用热力学方法研究问题时，首先要确定研究的对象，将所研究的一部分物质或空间，从其余的物质或空间中划分出来，这种划定的研究对象叫体系或系统。与体系密切相关的其他部分称环境（Surrounding）。根据体系与环境的关系体系区分为三种：

① 孤立系统（Isolated System）：体系与环境之间既无能量交换，又无物质交换的体系。体系完全不受环境的影响，其中能量包括热、功、其他能量。

② 闭口系统（Closed System）：与环境之间只有能量交换，没有物质交换。

③ 开口系统（Open System）：与环境之间既有能量交换，又有物质交换。

3. 性质

通常用体系的宏观可测性质来描述体系的热力学状态。这些性质被称为热力学变量，如体积、压力、温度、黏度、密度等。体系的性质分两类：广度性质和强度性质。

① 广度性质（容量、广延）：其数值的大小与体系中所含物质的数量成正比，具有加和性。广度性质在数学上是一次奇函数，如质量、体积、内能。

② 强度性质：其数值的大小与体系中所含物质的量无关，而取决于体系自身的特性，不具有加和性。强度性质在数学上是零次齐函数，如温度、压力、密度、黏度等。

二者之间的联系：某种广度性质除以质量或物质的量就成为强度性质。例如：体积是广度性质，它除以物质的量得到摩尔体积 $V_m=V/n$。其中，V_m 是强度性质，它不随体系中所含物质的量而变。

4. 热力学平衡体系条件

经典热力学所研究的体系必须是热力学平衡态的体系，也就是其体系必须同时满足下面几个条件（几个平衡）：

① 热平衡（Thermal Equilibrium）：体系的各个部分温度相等。

② 力学平衡（机械平衡，Mechanical Equilibrium）：体系各部分之间及体系与环境之间没有不平衡的力存在。即在不考虑重力场的影响下，体系内部各处的压力相等，且也等于环境的压力。从宏观来看，体系的界面不发生相对移动。如果两个均匀体系被一个固定的器壁隔开，即使双方压力不等，也能保持力学平衡。

③ 相平衡（Phase Equilibrium）：当体系不止一相时，各相组成不随时间而变化。相平衡是物质在各相之间分布的平衡。例如：水－丁醇共轭溶液；研究一对平衡共存的饱和溶液。

④ 化学平衡（Chemical Equilibrium）：当各物质之间有化学反应时，达到平衡后，体系的组成不随时间而变。

只有同时满足以上四个条件的体系才是热力学平衡体系，否则为非平衡态体系，热力学中所研究的是热力学平衡体系，简称热力学体系。

5. 热力学平衡体系的状态

热力学平衡体系的状态是体系性质的综合表现。体系的状态是由许多宏观热力学变量（物理量），如温度、压力等来描述和规定的。用于描述和规定体系状态的宏观性质，称状态函数或状态性质，也称热力学函数或热力学性质。

当体系的所有状态函数都不随时间发生变化而处于定值时，体系就处于一定的状态。其

状态函数中只要有一个发生变化，则体系的状态也就改变了。

（1）状态函数的几点说明

① 状态函数可分两类：广度性质、强度性质。

② 同一热力学体系的许多状态函数（性质）之间，并不是相互独立无关的，而是有关联的。如果体系的某一性质发生了变化，至少会影响另外一个甚至好几个性质发生变化。

（2）确定体系的状态所需状态函数的个数

① 对一定量单相纯物质的封闭体系，只需两个强度性质就能确定体系状态，多采用 T、p 为独立变量，而把体系其他强度性质只表示为 T、p 的函数，即 $Z=f(T, p)$。

② 对含有几种物质的均相多组分体系的性质，还与组成有关，即 $Z=f(T, p, x_i, x_1, \cdots, x_{n-1})$。式中 x_i 为各组分的摩尔分数。

说明两点：

① 对不同的体系，上式中函数的具体关系不同。

② 独立参变量选择，不一定选 T、p，可视具体需要而定，也可选 (p, V_m)，(T, V_m)。

（3）状态函数有两个特征

① 体系的状态确定之后，每一状态函数都具有单一确定的值，而不会具有多个不等的值。例如：体系状态确定后，温度只能具有单一确定的值。

② 体系发生一个过程的前后，状态发生变化，状态函数的值也可能发生变化，其改变的数值只取决于体系的初、终状态，而与变化时体系所经历的具体途径无关。

凡是状态函数必然具备上述两个特征，反之，体系的某一个物理量如果具有上述两个特征，它一定是状态函数，也就是说状态函数具有全微分性质，即其微小改变量是全微分。

（4）状态方程

① 对一定量单相纯物质的封闭体系：$T=f(p, V)$。

② 多组分体系：$T=f(p, V, x_1, x_2, \cdots, x_{n-1})$。

③ 常用的状态方程

理想气体方程：

$$pV=nRT \quad 或 \quad pV_m=nRT$$

实际气体的范德华方程：

$$\left(p+\frac{a}{V_m^2}\right)(V_m - b) = RT$$

6. 热和功

热和功是体系状态变化时，与环境交换能量的两种不同形式。当体系状态变化时，由于体系和环境温度不同而使体系与环境间传递的能量称为热，如相变热、溶解热、化学反应热等。热是一个过程量，传递中的能量，而不是体系的性质，即不是体系的状态函数，也就是说，体系处某一状态不能说热为多少。热力学中，规定体系吸热 Q 为正，$Q>0$；反之 Q 为负，$Q<0$。能量单位为焦耳，简称焦，单位符号为 J。当体系状态发生变化时，在体系与环境间除热外以其他各种形式传递的能量，通称为功，在物化中常遇到有体积功、电功、表面功。功也是一个过程量，它不是体系的状态函数（即体系并不包含功），即对始、终态相同的

变化过程，途径不同，功值不同。因此，功不是体系能量的形式，而是能量传递或转化的一种宏观方式。体系对环境做功（体系发生膨胀），则 δW_e 为负值，$\delta W_e < 0$；环境对体系做功（体系发生压缩），则 δW_e 为正值，$\delta W_e > 0$。

二、热力学第一定律表达方法

热力学第一定律是人类长期实践经验的总结，它有许多表述方式：

（1）能量既不能创造，也不能消灭，它只能从一种形式转变为另一种形式，在转化中，能量的总量不变，即能量守恒与转化定律。热力学第一定律是在热现象领域内的能量守恒与转化定律。它是自然界的普通定律，不以人的意志为转移，能量不能无中生有，也不能自行消失；它是人类长期经验的总结，其基础极为广泛，再不需用别的原理来证明。

（2）第一类永动机是不能实现的。所谓第一类永动机是一种循环做功的机器，如图 2-4 所示。它不消耗任何能量或燃料而能不断对外做功。这就意味着能量可以凭空产生，这就是违背了能量守恒定律，如图 2-5 所示。

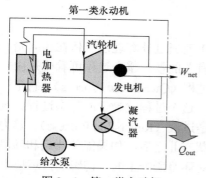

图 2-4　第一类永动机

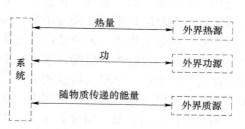

图 2-5　能量守恒定律

体系的能量通常是由三部分组成的：

① 体系整体运动（机械运动）的动能。

② 体系在外力场中的位能（电磁场、重力场等）。

③ 内能（U）。

在化学热力学中，通常是研究宏观静止的体系，无整体运动，并且一般没有特殊的外力场存在，所以只考虑内能即可。内能是体系内部一切形式的能量的总和，包括组成体系所有粒子的各种运动能及相互作用能，如分子的平动能、转动能、分子中原子的振动能，原子内电子与核、电子与电子、核与核之间的作用能，以及体系内分子间的相互作用的位能等。内能是状态函数，这是热力学第一定律的直接结论，由于是状态函数进而得出：

① 体系的状态一定时，热力学能有一单确定值，即热力学能是单值函数。

② 体系状态发生变化时，其热力学能的改变值只决定于体系的初、终态，与变化的途径无关，即体系由不同途径从始至终，其热力学能改变值相同。因为体系内部质点运动及相互作用比较复杂，所以内能的绝对值是无法确定的。根据热力学第一定律，体系内能的增加一定等于环境所失去的能量，即 U 一定等于体系所吸收的热加上外界对体系做的功。用数学式表示为

$$\Delta U = Q - W$$

对微小变化，有

$$dU = \delta Q - \delta dW$$

适用条件：适用于封闭体系的任何过程。

> 注意：Q、W 不是状态函数，不能用微分符号表示。热力学第一定律中的 W 指的是总功，而并非只是体积功。

从热力学第一定律可以得出

① 体系由始态变到终态，所经历途径不同，Q、W 都不同，但 $Q+W$ 值却是相同的，与途径无关。因为 $\Delta U = Q + W$，而 U 与途径无关。

② 对于隔离体系，$Q=0$，$W=0$，则 $\Delta U=0$，即隔离（孤立）体系的内能是不变的，内能守恒。

三、准静态过程与可逆过程

因为功不是状态函数，而是与途径有关的量。下面通过计算理想气体在相同始、终态之间经不同途径变化时的体积功，来说明功是和途径有关的量。整个过程可看成是由一系列极其接近于平衡的状态所构成，这种过程称为准静态过程（Quasistatic Process）。它是一种理想的过程。当一个过程进行得非常慢，速度趋于零时，这个过程就趋于准静态过程。这种过程的理想化就是热力学中一个极其重要的过程，称可逆过程（Reversible Process）。热力学可逆过程定义：当体系经过某一过程，由状态 I 变化到状态 II 之后，如果能使体系和环境都完全复原（体系回到原来的状态，同时消除了原来过程对环境所产生的一切影响，环境也复原），则这样的过程就称为可逆过程；反之，如果用任何方法都不可能使体系和环境完全复原，则称为不可逆过程（Irreversible Process）。上述理想气体等温膨胀的几种过程中，只有准静态过程才符合可逆过程的条件。

可逆过程的特点：

① 可逆过程是以无限小的变化进行的，是一连串非常接近于平衡状态的过程。

② 在反向的过程中，用同样的方法，循着原来过程的逆过程可以使体系和环境都完全恢复到原来的状态。

③ 在等温可逆膨胀过程中体系做最大功，在等温可逆压缩过程中环境对体系做最小功。

说明：可逆过程是一种理想的极限过程，客观世界中并不真正存在可逆过程，实际过程只能无限地趋近于它，可举出许多接近可逆情况的实际变化。如：液体在沸点时蒸发，固体在熔点时熔化，可逆电池在 $E_{外} \approx E_{电池}$ 情况下的充电放电等，均可认为是可逆过程。

可逆过程与理想气体等概念一样有着重大理论意义和实际意义。

① 它是在体系接近于平衡的状态下发生的，因此它和平衡状态密切相关，第三章中讨论的一些重要热力学函数的增量 S、G 等，只有通过可逆过程才能求得。

② 可逆过程体系能做最大功，从实用的观点看，这种过程最经济，效率最高。因此，将实际过程与理想的可逆过程比较，就可以确定提高实际过程效率的可能性和途径。

热力学能包括体系内分子的平动能、转动能、分子中原子的振动能、电子运动能、原子核能及分子间位能。由分子间能级图可知能级间距的大小次序为电子能级＞振动能级＞转动能级＞平动能级；对理想气体的等容升温（加热）过程，体系的热力学能增加，其中，原子核能不变。

因为理想气体分子间位能也不存在，又因为一般加热不会引起理想分子内电子能级和振动能级的跃迁（因为能级间距大），所以理想气体的热力学能是平动能与转动能之和。由气体分子运动论知，不论何种分子，其平动自由度为 3，而转动自由度随分子形式不同而异，单原子分子转动自由度为 0，双原子或线型多原子分子转动自由度为 2，非线型多原子分子转动能自由度为 3。又据能量均分原理，对 1mol 理想气体，每一运动自由度的平均能量 $E = \dfrac{1}{2}RT$，所以，对单原子理想气体有

$$C_{V,m} = \frac{3}{2}R , \quad C_{p,m} = \frac{5}{2}R$$

对双原子理想气体有

$$C_{V,m} = \frac{5}{2}R , \quad C_{p,m} = \frac{7}{2}R$$

1. 纯做功问题
① 外界对物体做功，物体内能增加。
② 物体对外界做功，物体内能减少。
用 ΔU 表示内能的增量，用 W 表示功，则 $\Delta U = W$。

> **注意**：① 内能增加，ΔU 取正；内能减少，ΔU 取负。
> ② 外界对物体做功，W 取正，物体对外界做功，W 取负。

2. 纯传热问题
① 外界向物体传热，物体内能增加。
② 物体向外界传热，物体内能减少。
用 ΔU 表示内能的增量，用 Q 表示热量，则 $\Delta U = Q$。

> **注意**：① 内能增加，ΔU 取正；内能减少，ΔU 取负。
> ② 外界向物体传热，Q 取正；物体向外界传热，Q 取负。

3. 热力学第一定律
物体内能的增加量等于外界对物体所做的功与物体从外界吸收的热量之和
$$\Delta U = Q + W$$

> **注意**：各物理量符号的取法。

【例 2-1】关于物体的内能变化以下说法正确的是（　　　）。（答案：C）

A. 物体吸收热量，内能一定增大

B. 物体对外做功，内能一定减小

C. 物体吸收热量，同时对外做功，内能可能不变

D. 物体放出热量，同时对外做功，内能可能不变

【例 2-2】 一定量的气体从外界吸收了 2.6×10^5J 的热量，内能增加了 4.2×10^5J，是气体对外界做功，还是外界对气体做功？做了多少功？

解： 由题可知 $\Delta U = 4.2 \times 10^5$J，$Q = 2.6 \times 10^5$J。

因为 $\Delta U = Q + W$；所以 $W = \Delta U - Q = 1.6 \times 10^5$J

所以是外界对气体做功，做功 1.6×10^5J。

【例 2-3】 如图 2-6 所示，甲、乙两个相同的金属球，甲用细线悬挂于空中，乙放在水平地面上。现在分别对两球加热，使它们吸收相同的热量，试讨论甲、乙两球内能增量的关系（假设金属球不向外散热）。

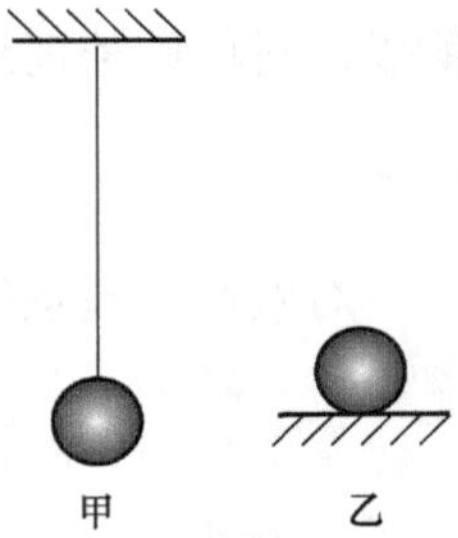

分析：吸热后金属球体积膨胀，甲球重心降低，重力做正功，乙球重心升高，重力做负功，而又因为两球吸收相同热量，因此，甲的内能增量大于乙的内能增量。

能量之间可以相互转化，如气体膨胀过程中，气体内能转化为机械能；能量也可以发生转移，如给物体加热，热能从外界转移到物体内。大量实验证明：各种形式的能都可以相互转化，并且在转化过程中守恒。能量既不会凭空产生，也不会凭空消失，它只能从一种形式转化为别的形式，或者从一个物体转移到别的物体，在转化或转移的过程中其总量不变，这就是能量守恒定律。能量守恒定律是自然界最普遍、最重要的规律之一。

图 2-6　例题 2-3 题图

系统从某一状态变化到另一状态的经历称为过程；实现这一过程的具体步骤称为途径。

常见的变化过程如下：

① 等温过程（Isothermal Process）：在变化过程中，体系的始态温度与终态温度相同，并等于环境温度。

② 等压过程（Isobaric Process）：在变化过程中，体系的始态压力与终态压力相同，并等于环境压力。

③ 等容过程（Isochoric Process）：在变化过程中，体系的容积始终保持不变。

④ 绝热过程（Adiabatic Process）：在变化过程中，体系与环境不发生热的传递。对那些变化极快的过程，如爆炸、快速燃烧等，体系与环境来不及发生热交换，那个瞬间可近似作为绝热过程处理。

⑤ 循环过程（Cyclic Process）：体系从始态出发，经过一系列变化后又回到了始态的变化过程。在这个过程中，所有状态函数的变量都等于零。

4. 热和功

系统与环境之间交换的能量有两种形式，即热和功。

当系统在广义力的作用下产生广义位移时，就做了广义功，做功的结果是系统的状态发生了变化。功的符号为 W，单位为 J。

$W>0$ 时，系统得到环境所做的功；$W<0$ 时，环境得到系统所做的功。

物理化学中功分为体积功 W 和非体积功 W'。

功不是状态函数，只有当系统状态变化时才有过程的功。

体积功的计算：
$$\delta W = -p_{\text{amb}}\mathrm{d}V$$

对恒外压过程：
$$W = -p_{\text{amb}}\Delta V \quad (p_{\text{amb}} \text{ 为定值})$$

由于系统与环境之间温度不同，导致两者之间交换的能量称为热，符号为 Q，单位为 J。$Q>0$ 表示系统吸热；$Q<0$ 表示系统放热。

热力学能是反映系统内部能量的函数，只取决于系统的初、终态，是状态函数。焦耳和迈耶自 1840 年起，历经 20 多年，用各种实验求证热和功的转换关系，得到的结果是一致的，即

$$1\text{cal}=4.1840\text{J}$$

这就是著名的热功当量，为能量守恒原理提供了科学的实验证明。到 1850 年，科学界公认能量守恒定律是自然界的普遍规律之一。

★**重点：**

　　能量守恒与转化定律：自然界的一切物质都具有能量，能量有各种不同的形式，能够从一种形式转化为另一种形式，但在转化过程中，能量的总值不变。热力学第一定律是能量守恒与转化定律在热现象领域内所具有的特殊形式，说明热力学能、热和功之间可以相互转化，但总的能量不变。也可以表述为，第一类永动机是不可能制成的。热力学第一定律是人类经验的总结。第一类永动机：一种既不靠外界提供能量，本身也不减少能量，却可以不断对外做功的机器称为第一类永动机，它显然与能量守恒定律矛盾。历史上曾一度热衷于制造这种机器，均以失败告终，也就证明了能量守恒定律的正确性。

★**牢记：**第一定律的数学表达式：$\Delta U = Q + W$

对微小变化有

$$\Delta U = \Delta Q + \Delta W$$
$$\Delta U = Q + W = Q - \sum P_{\text{amb}}\mathrm{d}V + W'$$
$$\mathrm{d}U = \delta Q + \delta W = \delta Q - P_{\text{amb}}\mathrm{d}V + \delta W'$$
$$Q_{\text{a}} + W_{\text{a}} = Q_{\text{b}} + W_{\text{b}}$$

四、恒容热和恒压热

1. 恒容热

系统在恒容且非体积功为零的过程中与环境交换的热，有

$$\delta Q_V = \mathrm{d}U \quad (\mathrm{d}V = 0, \delta W' = 0)$$
$$Q_V = \Delta U \quad (\mathrm{d}V = 0, W' = 0)$$

恒容热在量值上等于过程的热力学能变。

2. 恒压热

系统在恒压且非体积功为零的过程中与环境交换的热（Q_p）为

$$\delta Q_p = \mathrm{d}U + p\mathrm{d}V = \mathrm{d}U + \mathrm{d}(pV) = \mathrm{d}(U + pV)$$

H 称为焓，$H = U + pV$。

则有
$$\delta Q_p = \mathrm{d}H \qquad (\mathrm{d}p = 0, \delta W' = 0)$$

即
$$Q_p = \Delta H \qquad (\mathrm{d}p = 0, W' = 0)$$

3. 焓

焓是状态函数，是广度量。
$$H = U + pV \qquad \mathrm{d}H = \mathrm{d}U + p\mathrm{d}V + V\mathrm{d}p$$

4. $Q_V = \Delta U$ 与 $Q_p = \Delta H$ 两关系式的意义

$Q_V = \Delta U$ 与 $Q_p = \Delta H$ 表明当不同的途径均满足恒容非体积功为零或恒压非体积功为零的特定条件时，不同途径的热分别与过程的热力学能变、焓变相等。不同途径的恒容热相等，不同途径的恒压热相等。

> 盖斯（俄籍瑞士化学家 Hess G.H.）定律：一个确定的化学反应的恒容热或恒压热只取决于过程的初态和终态，而与中间经过的途径无关。

五、热容，恒容变温过程，恒压变温过程

1. 热容

当不发生相变化、化学变化和非体积功为零时，系统由于加给一微小的热量 δQ 而温度升高 $\mathrm{d}T$ 时，$\dfrac{\delta Q}{\mathrm{d}T}$ 即热容，一般用 C 表示（单位 J/K）

$$C = \frac{\delta Q}{\mathrm{d}T}$$

比定压热容 C_p 为

$$C_p = \frac{\delta Q_p}{\mathrm{d}T} = \left(\frac{\partial H}{\partial T}\right)_p$$

定容热容 C_V 为

$$C_V = \frac{\delta Q_V}{\mathrm{d}T} = \left(\frac{\partial U}{\partial T}\right)_V$$

摩尔定压热容 $C_{p,m}$ 为

$$C_{p,m} = \frac{C_p}{n} = \left(\frac{\partial H_m}{\partial T}\right)_p$$

摩尔定容热容为 $C_{V,m}$

$$C_{V,m} = \frac{C_V}{n} = \left(\frac{\partial H_m}{\partial T}\right)_V$$

物质的摩尔定压热容是温度和压力的函数。通常将处于标准压力 100kPa 下的摩尔定压热

容称为标准摩尔定压热容 $C_{p,m}^{\theta}$。通常情况下，$C_{p,m} \approx C_{p,m}^{\theta}$。

摩尔定压热容与温度的函数关系的经验式：

$$C_{p,m} = a + bT + cT^2$$

$$C_{p,m} = a + bT + c'T^{-2}$$

$$C_{p,m} = a + bT + cT^2 + dT^3$$

平均摩尔定压热容：

$$\overline{C}_{p,m} = \frac{\int_{T_1}^{T_2} C_{p,m} dT}{T_2 - T_1}$$

对于理想气体

$$C_{p,m} - C_{V,m} = R$$

两者差值来自两方

$$C_{p,m} - C_{V,m} = \left\{ \left(\frac{\partial U_m}{\partial V_m} \right)_T + p \right\} \left(\frac{\partial V_m}{\partial T} \right)_p$$

理想气体混合物：

$$C_{p,m(\text{mix})} = \sum_B y(B) C_{p,m(B)}$$

$$C_{V,m(\text{mix})} = \sum_B y(B) C_{V,m(B)}$$

2. 气体恒容变温过程

$$\delta Q_V = dU = nC_{V,m} dT$$

$$Q_V = \Delta U = \int_{T_1}^{T_2} nC_{V,m} dT$$

恒容（$W=0$）：$\Delta H = \Delta U + V\Delta p$

理想气体：$\Delta H = \Delta U + nR\Delta T$

3. 气体恒压变温过程

$$\delta Q_p = dH = nC_{p,m} dT$$

$$Q_p = \Delta H = \int_{T_1}^{T_2} nC_{p,m} dT$$

恒容（$W = -p\Delta V$）：$\Delta U = \Delta H - p\Delta V$

理想气体：$W = -p\Delta V = -nR\Delta T$　$\Delta U = \Delta H - nR\Delta T$

4. 凝聚态物质变温过程

$$\delta Q_p = dH = nC_{p,m} dT$$

$$Q_p = \Delta H = \int_{T_1}^{T_2} nC_{p,m} dT$$

$$W = -p\Delta V \approx 0 \quad \Delta U \approx Q$$

5. 焦耳实验，理想气体的热力学能、焓

$$U = U(T, V)$$

$$dU = \left(\frac{\partial U}{\partial T} \right)_V dT + \left(\frac{\partial U}{\partial V} \right)_T dV = C_V dT + \left\{ T \left(\frac{\partial p}{\partial T} \right)_V - P \right\} dV$$

一定量理想气体的热力学能只是温度的函数，与气体的体积压力无关。

$$\left(\frac{\partial U}{\partial V}\right)_T = 0 \qquad U = f(T)$$

理想气体变温过程：

$$dU = nC_{V,m}dT \qquad \Delta U = \int_{T_1}^{T_2} nC_{V,m}dT$$

6. 理想气体的焓

$$H = f(T) \qquad \left(\frac{\partial U}{\partial P}\right)_T = 0$$

理想气体变温过程

$$dH = nC_{p,m}dT \qquad \Delta U = \int_{T_1}^{T_2} nC_{p,m}dT$$

可逆过程的特点：

① 可逆过程的推动力无限小，其间经过一系列平衡态，过程进行得无限缓慢。

② 可逆过程结束后，系统若沿原途径进行回复到原状态，则环境同时回复到原状态。

③ 可逆过程系统对环境做最大功，环境对系统做最小功。

7. 理想气体恒温可逆过程

理想气体恒温过程：$\Delta U = 0$，$\Delta H = 0$，$Q = -W$

$$\delta W_r = -pdV$$

故恒温功 W_r 为

$$W_r = -\int_{V_1}^{V_2} pdV = -\int_{V_1}^{V_2} \frac{nRT}{V}dV = -nRT\int_{V_1}^{V_2} \frac{dV}{V} = -nRT\ln\left(\frac{V_2}{V_1}\right) = nRT\ln\left(\frac{p_2}{p_1}\right)$$

8. 理想气体绝热可逆过程

$$\delta Q = 0, \delta W_r = -pdV$$

$$dU = \delta Q_r + \delta W_r = -pdV$$

理想气体绝热可逆过程方程式：

$$\left(\frac{T_2}{T_1}\right)\left(\frac{V_2}{V_1}\right)^{\gamma-1} = 1 \qquad \left(\frac{T_2}{T_1}\right)\left(\frac{p_2}{p_1}\right)^{\frac{1-\gamma}{\gamma}} = 1 \qquad \left(\frac{p_2}{p_1}\right)\left(\frac{V_2}{V_1}\right)^{\gamma} = 1$$

 选读内容

几种功的表示形式

功的种类	强度因素	广度因素的改变	功的表示式 δW
机械功	f（力）	dl（位移的改变）	fdl
电功	E（外加电位差）	dQ（通过的电量）	EdQ
反抗地心引力的功	mg（m 为质量，g 为重力加速度）	dh（高度的改变）	$mgdh$
体积功	p（外压）	dV（体积的改变）	pdV
表面功	r（表面张力）	dA（面积的改变）	rdA

准静态过程（Quasistatic Process）：在过程进行的每一瞬间，体系都接近于平衡状态，以致在任意选取的短时间 dt 内，状态参量在整个系统的各部分都有确定的值，整个过程可以看成是由一系列极接近平衡的状态所构成，这种过程称为准静态过程。

准静态过程是一种理想过程，实际上是无法实现的。无限缓慢的压缩过程和无限缓慢的膨胀过程，可近似看作准静态过程

可逆过程（Reversible Process）：体系经过某一过程从状态 I 变到状态 II 之后，如果能使体系和环境都恢复到原来的状态而未留下任何永久性的变化，则该过程称为热力学可逆过程；否则为不可逆过程。

若没有摩擦等因素造成能量的耗散，则上述准静态膨胀过程可看作是一种可逆过程。过程中的每一步都接近平衡态，可以向相反的方向进行，从始态到终态，再从终态回到始态，体系和环境都能恢复原状。

可逆过程的特点：

① 状态变化时推动力与阻力相差无限小，体系与环境始终无限接近于平衡态。

② 过程中的任何一个中间态都可以从正、逆两个方向到达。

③ 变化一个循环后，体系和环境均恢复原态，变化过程中无任何耗散效应。

④ 等温可逆过程中，体系对环境做最大功，环境对体系做最小功。

可逆过程与不可逆过程的区别

可逆过程	不可逆过程
① 作用于体系的力无限小，则不平衡的力无限小，体系始终处于平衡状态	① 作用力不是无限小，而是有定值，体系至少有时处于非平衡状态
② 过程的速度无限缓慢，所需时间无限长	② 速度不是无限小，而是有定值
③ 无任何摩擦阻力存在，无任何能量耗散	③ 有阻力存在，有能量耗散出现
④ 其逆过程能使体系与环境同时恢复状态	④ 其逆过程不能使体系与环境同时恢复原状态
⑤ 实际不存在的理想过程	⑤ 实际存在的过程，但在某种情况下可使之接近于极限的可逆过程

【例 2-4】 1mol 氦气（He）由 473.2K、20.00dm³ 反抗 101.325Pa 恒外压膨胀至 407.5K，求该过程的 W。

| 1 mol He（g）
$T_1 = 473.2K$
$V_1 = 20.00dm^3$
$p_1 = ?$ | $p_e = 101.325Pa$

恒外压膨胀 → | 1 mol He（g）
$T_2 = 407.5K$
$p_2 = 101.325Pa$
$V_2 = ?$ |

解 若视氦气为理想气体，则

$$V_2 = \frac{nRT_2}{p_2} = \frac{1 \times 8.314 \times 407.5}{101.325} = 33.44 \times 10^{-3} \text{（m}^3\text{）}$$

则

$$W = p(V_2 - V_1) = [101.325(33.44 - 20.00) \times 10^{-3}] = 1.362 \text{（kJ）}$$

【例 2-5】理想气体等温可逆膨胀，体积从 V_1 胀大到 $10V_1$，对外做了 41.82kJ 的功，体系的起始压力为 202.65kPa。（1）求 V_1。（2）若气体的量为 2mol，试求体系的温度。

解：（1）$W = nRT \ln(V_2 / V_1)$

$$p_1 V_1 = nRT_1 = nRT = \frac{W}{\ln(V_2 / V_1)}$$

$$V_1 = \frac{W}{p_1 \ln(V_2 / V_1)} = \frac{41850}{(2.0265 \times 10^5) \ln 10} = 8.97 \times 10^{-2} \quad (\text{m}^3)$$

（2）

$$T = \frac{W}{nR \ln(V_2 / V_1)} = \frac{41850}{2 \times 8.314 \times \ln 10}$$
$$= 1093\text{K}$$

【例 2-6】理想气体，$n=1.00$mol，分别经历下述等温过程，由 $V_i = 10.00$ dm^3 膨胀到 $V_f = 100.0$ dm^3，求各过程体系对外做的功。

（1）向真空自由膨胀。

（2）对外等外压 $p_2 = 100$ kPa。

（3）分三步对抗等外压 1000kPa $\rightarrow$ 500 kPa $\rightarrow$ 200kPa $\rightarrow$ 100kPa。

（4）分别在 300K 和 500K 下恒温可逆膨胀。

解：（1）气体向真空膨胀，因为气体不对任何其他物体作用，故气体不对外界做功，即 $W_1' = 0$。

（2）对抗等外压做功是一个复杂的过程，因为气体对外的作用力在变化，但由于体系对环境做的功 W' 与环境对体系做功 W 数值相等，正负号相反，即 $W = -W'$。由于外压恒定，故

$$W = p_{\text{外}}(V_f - V_i)$$

$$W_2' = -W = p_2(V_f - V_i) = 100 \times 10^3 (100 \times 10^{-3} - 10 \times 10^{-3}) = 9.00 \quad (\text{kJ})$$

（3）原理同前

p_i / Pa	1×10^6	5×10^5	2×10^5	1×10^5
V_i / dm^3	10	20	50	100

$$W_3' = \Sigma p_i \Delta V_i = 5 \times 10^5 (20 - 10) \times 10^{-3} + 2 \times 10^5 (50 - 20) \times 10^{-3} + 1 \times 10^5 (100 - 50) \times 10^{-3}$$
$$= 16.00 \quad (\text{kJ})$$

（4）恒温可逆过程可用积分，因 $p = \dfrac{nRT}{V}$，则 $T=300$K 时有

$$W_4' = \int_{V_i}^{V_f} p\,dV = \int_{V_i}^{V_f} \frac{nRT}{V}\,dV = nRT \ln \frac{V_f}{V_i} = 5.74 \,(\text{kJ})$$

同上，$T=500$K 时，$W_4' = nRT \ln \dfrac{V_f}{V_i} = 9.57 \,(\text{kJ})$

讨论：① 由步骤（1）、（2）、（3）的计算可以看出，即使始、终态相同，但过程不同，则做功也不同。说明功是与过程相联系的热力学量，不是状态函数。就做功之大小而言，越接近准静态过程，功越大，而以向真空自由膨胀最小。

② 比较（4）、（5），可知相同的可逆过程，始、终态的体积分别相同时，高温时做功为大。

③ 计算中物理量应采用 SI 单位，以免计算时产生混乱，如压力用 Pa、体积用 m^3、功用 J 等。

④ 由本题可见，体积功能直接计算的只有向真空膨胀、对抗等外压膨胀（或等外压压缩）及恒温可逆

膨胀（或压缩）三种，其他过程的体积功只能间接求算。例如，计算 ΔU 及 Q 后，由热力学第一定律可得 $W = \Delta U - Q$。

焓的定义式：
$$H = U + pV$$

因为在等压、不做非膨胀功的条件下，焓变等于等压热效应。该值容易测定，从而可求其他热力学函数的变化值。焓由状态函数组成。焓不是能量，虽然具有能量的单位，但不遵守能量守恒定律。对于组成不变的均相封闭体系，不考虑非膨胀功。在不发生相变和化学反应的条件下，设体系吸热 Q，温度从 T_1 升高到 T_2，有：

平均热容定义：
$$<C> = \frac{Q}{T_2 - T_1} \quad （单位：J/K）$$

$$C = \frac{\delta Q}{\mathrm{d}T} \quad （温度变化很小）$$

比热容：规定物质的质量为 1g（或 1kg）的热容。它的单位是 J/（K·g）或 J/（K·kg）。

摩尔热容 C_m：规定物质的数量为 1mol 的热容。单位为：J/（K·mol）。

等压热容 C_p：$\quad C_p = \frac{\delta Q_p}{\mathrm{d}T} = \left(\frac{\partial H}{\partial T}\right)_p, \quad \Delta H = Q_p = \int C_p \mathrm{d}T$

等容热容 C_V：$\quad C_V = \frac{\delta Q_V}{\mathrm{d}T} = \left(\frac{\partial U}{\partial T}\right)_V, \quad \Delta U = Q_V = \int C_V \mathrm{d}T$

热容与温度的关系：热容与温度的函数关系因物质、物态和温度区间的不同而有不同的形式。例如，气体的等压摩尔热容与 T 的关系有如下经验式：

$$C_{p,m} = a + bT + cT^2 + \cdots$$

或
$$C_{p,m} = a + bT + c'/T^2 + \cdots$$

式中，a、b、c、c'……是经验常数，由各种物质本身特性决定，可从热力学数据表中查找。

理想气体的 C_p 与 C_V 之差：气体的 C_p 恒大于 C_V。对于理想气体，有

$$C_p - C_V = nR \qquad\qquad C_{p,m} - C_{V,m} = R$$

因为等容过程中，升高温度，体系所吸的热全部用来增加热力学能；而等压过程中，所吸的热除增加热力学能外，还要多吸一点热量用来对外做膨胀功，所以气体 C_p 恒大于 C_V。

一般封闭体系 C_p 与 C_V 之差：

$$C_p - C_V = \left(\frac{\partial H}{\partial T}\right)_p - \left(\frac{\partial U}{\partial T}\right)_V = \left(\frac{\partial(U+pV)}{\partial T}\right)_p - \left(\frac{\partial U}{\partial T}\right)_V \quad （代入 H 定义式）$$

$$= \left(\frac{\partial U}{\partial T}\right)_p + p\left(\frac{\partial V}{\partial T}\right)_p - \left(\frac{\partial U}{\partial T}\right)_V$$

根据复合函数的偏微商公式 $\quad \left(\frac{\partial U}{\partial T}\right)_p = \left(\frac{\partial U}{\partial T}\right)_V + \left(\frac{\partial U}{\partial V}\right)_p\left(\frac{\partial V}{\partial T}\right)_p$

代入上式得 $\quad C_p - C_V = \left(\frac{\partial U}{\partial V}\right)_p\left(\frac{\partial V}{\partial T}\right)_p + p\left(\frac{\partial V}{\partial T}\right)_p$

$$= \left[p + \left(\frac{\partial U}{\partial V}\right)_p\right]\left(\frac{\partial V}{\partial T}\right)_p$$

对理想气体
$$\left(\frac{\partial U}{\partial V}\right)_p = 0 \ , \ \left(\frac{\partial V}{\partial T}\right)_p = nR / p$$

所以
$$C_p - C_V = nR$$

【例2-7】证明：$\left(\dfrac{\partial U}{\partial T}\right)_p = \left(\dfrac{\partial U}{\partial T}\right)_V + \left(\dfrac{\partial U}{\partial V}\right)_T \left(\dfrac{\partial V}{\partial T}\right)_p$

设 $U = U(T,V)$ ， $V = V(T,p)$ ，则

$$dU = \left(\frac{\partial U}{\partial T}\right)_V dT + \left(\frac{\partial U}{\partial V}\right)_T dV$$

$$dV = \left(\frac{\partial V}{\partial T}\right)_p dT + \left(\frac{\partial V}{\partial p}\right)_T dp$$

代入 dV 表达式得

$$dU = \left(\frac{\partial U}{\partial T}\right)_V dT + \left(\frac{\partial U}{\partial V}\right)_T \left[\left(\frac{\partial V}{\partial T}\right)_p dT + \left(\frac{\partial V}{\partial p}\right)_T dp\right]$$

重排，将 dp 、dT 项分开，得

$$dU = \left(\frac{\partial U}{\partial V}\right)_T \left(\frac{\partial V}{\partial p}\right)_T dp + \left[\left(\frac{\partial U}{\partial V}\right)_T + \left(\frac{\partial U}{\partial V}\right)_T \left(\frac{\partial V}{\partial T}\right)_p\right] dT$$

$$= \left(\frac{\partial U}{\partial p}\right)_T dp + \left[\left(\frac{\partial U}{\partial T}\right)_V + \left(\frac{\partial U}{\partial V}\right)_T \left(\frac{\partial V}{\partial T}\right)_p\right] dT$$

因为 U 也是 T、p 的函数， $U = U(T,V)$ ，故有

$$dU = \left(\frac{\partial U}{\partial p}\right)_T dp + \left(\frac{\partial U}{\partial T}\right)_p dT$$

对照 dU 的两种表达式，得

$$\left(\frac{\partial U}{\partial T}\right)_p = \left(\frac{\partial U}{\partial T}\right)_V + \left(\frac{\partial U}{\partial V}\right)_T \left(\frac{\partial V}{\partial T}\right)_p$$

把决定物体在空间位置所需的独立坐标数称为自由度。对于含 n 个原子的分子，共有 $3n$ 个自由度。平动自由度均等于3，而转动、振动的自由度则随组成分子的原子数和结构的不同而不同。

分子种类	平动自由度 f_t	转动自由度 f_v	振动自由度 f_v （$f_v = 3n - f_t - f_r$）
单原子分子	3	0	0
双原子分子	3	2	1
线性多原子分子	3	2	$3n-5$
非线性多原子分子	3	3	$3n-6$

单原子分子的平动能：单原子分子近似可看作刚性球。在直角坐标上，它的平动可分解为 x、y、z 三个方向的运动。

在 x 方向的平动能的平均值 $<\varepsilon_x>$ 为

$$<\varepsilon_x>=\frac{1}{2}m<v_x^2>$$

根据气体动理学理论和麦克斯韦的速率分布公式，在 x 方向的速度平方的平均值 $<v_x^2>$ 为

$$<v_x^2>=\frac{kT}{m}$$

所以

$$<\varepsilon_x>=\frac{1}{2}kT$$

同理

$$<\varepsilon_y>=\frac{1}{2}kT$$

$$<\varepsilon_z>=\frac{1}{2}kT$$

则单原子分子的总平动能 ε_t 为

$$\varepsilon_t=<\varepsilon_x>+<\varepsilon_y>+<\varepsilon_z>=\frac{3}{2}kT$$

能量均分原理：经典热力学中，把每一个方向上的平均能量称为一个平方项，它对总能量的贡献为 $\frac{1}{2}kT$。

如果把每一个平方项称为一个自由度，则能量是均匀地分配在每一个自由度上，这就是经典的能量均分原理。

一个振动自由度，动能和位能各贡献 $\frac{1}{2}kT$，所以对能量总的贡献为 kT。

对 1mol 单原子气体分子，有

$$\varepsilon_{m,t}=L\frac{3}{2}kT=\frac{3}{2}RT \qquad C_{V,m}=L\frac{3}{2}k=\frac{3}{2}R$$

对 1mol 双原子气体分子，有

$$\varepsilon_m=\varepsilon_{m,t}+\varepsilon_{m,r}+\varepsilon_{m,v}$$

低温时：

$$\varepsilon_m=\frac{3}{2}RT+\frac{2}{2}RT=\frac{5}{2}RT \qquad C_{V,m}=\frac{5}{2}R$$

因为振动能级间隔大，低温时振动处于基态，所以对能量贡献可忽略不计。

高温时：

$$\varepsilon_m=\frac{3}{2}RT+\frac{2}{2}RT+RT=\frac{7}{2}RT \qquad C_{V,m}=\frac{7}{2}R$$

前面主要讨论了热力学系统处于平衡态时的性质与规律。现在来研究热力学系统从一个平衡态到另一个平衡态的变化过程。当热力学系统的状态随时间变化时，我们称系统经历了一个热力学过程。此处所说的过程意味着系统状态的变化。设系统从某一个平衡态开始发生变化，状态的变化必然要打破原有的平衡，必须经过一定时间，系统的状态才能达到新的平衡，这段时间称为弛豫时间。如果过程进行得非常缓慢，过程经历的时间远远大于弛豫时间，以至于过程的一系列的中间状态都无限接近于平衡态，则过程的进行可以用系统的一组状态

参量的变化来描述，这样的过程称为准静态过程。准静态过程是一种理想过程，它的优点在于描述和讨论都比较方便。在实际热力学过程中，只要弛豫时间远远小于状态变化的时间，那么这样的实际过程就可以近似看成是准静态过程，所以准静态过程依然有很强的实际意义。例如发动机中气缸压缩气体的时间约为 10^{-2}s，气缸中气体压强的弛豫时间约为 10^{-3}s，只有过程进行时间的十分之一，如果要求不是非常精确，在讨论气体做功时把发动机中气体压缩的过程作为准静态过程，依然是合理的。过程进行得较快时，弛豫时间相对较长，系统状态在还未来得及实现平衡之前，又继续了下一步的变化，在这种情况下系统必然要经历一系列非平衡的中间状态，这种过程称为非准静态过程。中间状态是一系列非平衡态，因此不能用统一确定的状态参量来描述。这样整个非准静态过程的描述是比较困难和复杂的，是当前物理学前沿课题之一。

六、功

1. 体积功的定义及计算式

如图 2-7 所示，气缸中的气体在膨胀过程，为了使过程是一个平衡过程，外界必须提供受力物体让活塞无限缓慢地移动。

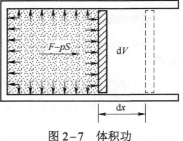

图 2-7　体积功

设活塞面积为 S，气体压力为 p，则当活塞向外移动 dx 距离时，气体推动活塞对外界所做的功为

$$dA = Fdx = pSdx = pdV$$

式中，$dV = Sdx$ 为气体膨胀时体积的微小增量。由上式可以看到，系统对外做功一定与气体体积变化有关，平衡过程中系统所做功被称为体积功。

显然，$dV > 0$ 时，即气体膨胀时，系统对外界做正功；$dV < 0$ 时，即气体被压缩时，系统对外界做负功，或外界对系统做正功。

如果系统的体积，经过一个平衡过程由 V_1 变为 V_2，则该过程中，系统对外界做的功为

$$A = \int_{V_1}^{V_2} pdV$$

上述结果虽然是从气缸中活塞运动推导出来的，但对于任何形状的容器，计算系统在平衡过程中对外界所做的功时都可用上式。

2. 体积功的几何意义

在 p-V 图上，积分式 $\int_{V_1}^{V_2} pdV$ 表示 $V_1 \rightarrow V_2$ 过程曲线下的面积，即体积功等于对应过程曲线下的面积，如图 2-8 所示。

根据上述几何解释，对一些特殊的过程体积功的计算可以不用积分，而直接由计算面积的大小得到。必须强调指出，系

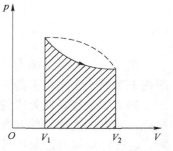

图 2-8　体积功的图示

统从状态 1 经平衡过程到达状态 2，可以沿着不同的过程曲线（如图中的虚线），也就是经历不同的平衡过程，所做的体积功（过程曲线下的面积）也就不同。即体积功是一个过程量（与过程相关的物理量）。在系统与外界之间，或系统的不同部分之间转移的无规则热运动能量叫作热量，常用 Q 表示。这种传热过程大多是与系统和外界之间，或系统的不同部分之间温度的不同相联系的。热量是大家应该注意与内能区分的一个概念，在一定情况下可以认为热量是系统与外界交换内能的净值。比如，系统的温度比外界的温度高并与外界有热接触，则系统内各个分子的热运动能量通过频繁的碰撞传递给外界，但同时外界分子的热运动能量也可以通过碰撞转移给系统。由于温度不同，系统转移给外界与外界转移给系统的热运动能量是不同的，这个差值就称为热量。系统从外界吸收热量，Q 取正；系统对外界放出热量，Q 取负。一个系统在变化过程中的热量有三种计算方法：一是使用热力学第一定律来计算（见热力学第一定律的应用知识点）；二是使用比热容来计算；三是使用摩尔热容来计算（见摩尔热容知识点）。物质的比热容 c 定义如下：单位质量的物体温度每升高或降低 1℃ 所吸收或放出的热量。按它的定义很容易得到热量的计算公式：

$$Q = mc(T_2 - T_1) = mc\Delta T$$

式中，m 为气体质量；ΔT 为过程的温度差；T_1 和 T_2 分别是过程的初状态和末状态的温度。

按比热容计算热量时应该注意，热量的多少是与过程有关的。不同的过程虽然温度差相同，但热量是完全可能不同的。这体现在比热容 c 对不同过程取值不同。在很多过程中，c 还与温度有关，这时上面计算热量的公式应该改为积分。

系统经历平衡过程后，温度有可能发生变化。由内能公式可知：过程初状态和末状态的内能是不同的，其增加量叫内能增量，用 ΔU 表示。

$$\Delta U = \frac{i}{2} nR\Delta T$$

式中，i 表示气体分子的自由度；n 是气体的摩尔数；$\Delta T = T_2 - T_1$，为温度增量。显然，ΔT 大于零表示该平衡过程使系统温度升高，系统内能增大，ΔU 大于零；反之亦然。

对无限小过程而言，内能增量可以表示为

$$dU = \frac{i}{2} nRdT$$

特别需要指出的是，内能增量是与过程无关的状态量。它只与系统在过程始末状态的温度差有关。无论经历什么样的过程，只要始末状态的温度差相等，内能增量都是相同的。在 $p-V$ 图中，只要过程曲线的起点和终点相同，曲线形状不同，内能增量也是相同的。通过能量交换方式改变系统热力学状态的方式有两种：一是做功，如活塞压缩气缸内的气体使其温度升高；二是传热，如对容器中的气体加热，使之升温和升压。做功与传热的微观过程不同，但都能通过能量交换改变系统的状态，在这一点上二者是等效的。实验研究发现，功、热量和系统内能之间存在着确定的当量关系。当系统从一个状态变化到另一个状态，无论经历的是什么样的具体过程，过程中外界做功和吸入热量一旦确定，系统内能的变化也是一定的。根据普遍的能量守恒定律，外界对系统做的功 W' 与传热过程中系统吸入热量 Q 的总和，等于系统能量的增量。因为热力学中系统能量的增量即为内能的增量 ΔE，故有

$$\Delta U = W' + Q$$

因外界对系统所做的功 W' 等于系统对外界所做功 W 的负值，即 $W' = -W$，所以上式可进一步写成

$$Q = \Delta U + W$$

对于无限小的热力学过程，则有

$$dQ = dU + dW$$

上面两个公式称为热力学第一定律，它是普遍的能量转化和守恒定律在热力学范围内的具体表达。

热力学第一定律的讨论

① 物理量符号规定。系统从外界吸入热量为正，系统向外界放出热量为负；系统的内能增加为正，系统的内能减少为负；系统对外界做功为正，外界对系统做功为负。

② 热力学第一定律适用于任何系统的任何热力学过程，包括气、液、固态变化的平衡过程和非平衡过程，可见热力学第一定律具有极大的普遍性。热力学第一定律表明，从热机的角度来看，要让系统对外做功，要么从外界吸入热量，要么消耗系统自身的内能，或者二者兼而有之。

③ 第一类永动机不可能制成。历史上，有人曾想设计制造一种热机，这是一种能使系统不断循环，不需要消耗任何动力或燃料，却能源源不断地对外做功的永动机。结果理所当然地失败了。这种违反热力学第一定律，也就是违反能量守恒定律的永动机，称为第一类永动机。因此，热力学第一定律的另一种表达是：第一类永动机是不可能制成的。

热力学第一定律是热力学的基本定律之一，它给出了系统与外界相互作用过程中，系统能量变化与其他形式能量之间的数量关系。根据这条定律建立起来的能量方程，是对热力学系统进行能量分析和计算的基础。

七、热力学第一定律的实质

热力学第一定律是能量转换与守恒定律在热力学中的应用，它确定了热力过程中各种能量在数量上的应用。能量转换及守恒定律是 19 世纪自然科学的三大发现（另两个发现是细胞学说和进化论）之一，是自然界中的一条重要的基本规律。它指出："**自然界一切物质都具有能量，能量既不能被创造，也不能被消灭，而只能从一种形式转换为另一种形式，在转换中，能量的总量恒定不变。**"而早在热力学第一定律建立之前，人们已经认识了能量守恒原理。例如，在力学中人们认识了功量、动能、重力位能及弹性势能等机械能，相应地建立了保守力场中的功能原理，后来扩展到包括非保守力场在内的各种功量下的功能原理；在流体力学中人们认识了压力势能，出现了伯努力方程；在电磁学中人们认识了电能及磁能，相应地建立了电磁守恒原理，等等。人们在认识各种个别的、特殊的能量形式的基础上，通过对大量的能量转换的物理现象的观察和总结，逐步认识了能量守恒原理。

热力学第一定律建立之前的这些守恒原理都没有涉及热能，而热能与所有能量形式都有联系，热现象不是独立的现象，其他形式的能量最终都能转换成热能。**热力学第一定律的建立过程，实质上就是人们正确认识温度、热量及内能的过程。**热力学第一定律可表述为"**热是能的一种，机械能变热能，或热能变机械能的时候，它们间的比值是一定的。**"那种企图不消耗能量而获取机械动力的"第一类永动机"都不可避免地归于失败，因而热力学第一定律也常表述为"**第一类永动机是不可能制成的**"。

1. 热力学能

能量是物质运动的量度。运动有各种不同形式，相应的有各种不同的能量：系统储存的能量称为储存能，它有内部储存能和外部储存能。而**储存在系统内部的能量叫作内能**，它与系统内工质粒子的运动和粒子空间位置有关，是下列各种能量的总和：

① 分子热运动形成的**内动能**，它是温度的函数。

② 分子间相互作用形成的**内位能**，它是比体积的函数。

③ 维持一定分子结构的**化学能**，原子核内部的原子能及电磁场作用下的**电磁能**等。

在无化学变化及原子核反应的过程中，第③项可以不考虑，因此热力学能的变化只是内动能及内位能的变化。热力学能用符号 U 表示，我国法定的热力学能计量单位是焦耳(J)，1kg 物质的热力学能称为比热力学能，用符号 u 表示，单位 J/kg。热力学能是工质内部储存能，在一定的热力学状态下，分子有一定的均方根速度和平均速度，应有一定的热力学能，而与达到这一状态的路径无关，因而热力学能是状态函数，可表示为两独立状态参数的函数，为

$$u = u(p,v)$$
$$u = u(p,T)$$
$$u = u(v,T)$$

热力学能具有以下特点：

① 热力学能是一种状态参数，具有状态的所有通性。热力学能是一广延量，具有可加性。而比热力学能 $u\left(即\dfrac{U}{m}\right)$ 是一强度量，$\mathrm{d}u$ 沿一封闭曲线积分为零（系统经历一个循环后其热力学能变化为零）。U 只与状态有关，u 是平衡态的单值函数，不同平衡状态可以有相同数值的比热力学能，而不同的比热力学能一定代表不同的平衡状态。

② 热力学能是个不可测量的状态参数，其绝对值是无法确定的。

③ 只有借助外因，才能使系统热力学能发生变化。

④ 系统的热力学能变化是可以计算的。（Δu 是可以计算的）

热力学主要是研究各种热力过程，因此我们感兴趣的是系统状态变化过程中热力学能的变化，而不是某一状态下的热力学能的值。可利用热力学函数关系，根据可测参数（p, V, T）的变化情况来计算系统热力学能的变化。

2. 外部储存能

工质除了由于本身的一些粒子微观运动等引起的热力学能外，由于外界作用等引起的宏观运动的动能及重力位能等统称外部储存能。若工质质量为 m，速度为 C_{f}，在重力场高度为 z，则外部储存能的表达式为

$$外部储存能 = \frac{1}{2}mC_f^2 + mgz$$

3. 总能

内部储存能和外部储存能的总和，即热力学能与宏观运动能及位能的总和，称为工质的总能，用 E 表示。另用 E_k、E_p 分别表示动能及位能，则有

$$E = U + E_k + E_p$$

将其代入 E_k、E_p 表达式，E 又可写成

$$E = U + \frac{1}{2}mC_f^2 + mgz$$

1kg 工质的比总能 e 为

$$e = u + \frac{1}{2}C_f^2 + gz$$

4. 做功和热量

（1）能量传递两种基本形式及不同点

能量传递两种基本形式（做功、传热）都可对能量进行传递。二者能量传递不同点如下：

① 借做功来传递能量与物体宏观位移有关（从功的定义：功是力与力方向上的位移的乘积）；借传热来传递能量不需要有物体的宏观位移。当两不同温度的物体接触时，物体间进行热量传递就是靠两个物体中杂乱运动的质点进行能量交换的。

② 在做功过程中往往伴随参量形式的转化；通过热量传递能量往往不发生能量形式的转化。

③ 功量变热量是无条件的，而热量变功量则是有条件的。

（2）迁移量

能量是一状态参数，但能量在传递与转化时，则是以做功或传热的方式表现出来的，因此功和热量都是系统与外界所传递的能量，而不是系统本身所具有的能量。功及热量是过程量，它们的大小与传递时所经历的具体过程有关，又称迁移量。

5. 推动功和流动功

（1）推动功

功的形式除了膨胀功或压缩功这类与系统的界面移动有关的功外，还有因工质在开口系统中流动而传递的功，叫作推动功，其值为 pV；对于 1kg 工质而言为 pv。**推动功相当于一假想的活塞为把前方工质推进（或推出）系统所做的功。**

这个数量随工质进入（或离开）系统而成为带入（或带出）系统的能量。**推动功只有在工质流动时才有**，当工质不流动时，虽然工质也具有一定的状态参数 p 和 V，但这时的乘积并不代表推动功。**在做推动功时，工质的热力学状态并没有改变，当然它的热力学能也没有改变。**

（2）流动功 W_f

工质在流动时，总是从后面获得推动功，而对前面做出推动功。进出系统时工质的推动功之差称为流动功，表示为

$$W_f = p_2V_2 - p_1V_1$$

流动功还可理解为，在流动过程中，系统与外界由于物质的进出而传递的机械功。

八、焓

工质在流经一个开口系统时，进入（或带出）系统的能量除工质本身具有的热力学能，还有在开口系统中流动而传递的推动功，这些**工质流经一个开口系统时的能量总和称为焓**（H），表示为

$$H = U + pV$$

在分析开口系统时，因有工质流动，热力学能 U 和推动功 pV 必同时出现。在此特定情况下，焓可以理解为由于工质流动而携带的，并取决于热力状态参数的能量，即热力学能与推动功之和。在分析闭口系统时，焓的作用相对次要，一般使用热力学能参数。然而，在分析闭口系统经历定压变化时，焓却有特殊的意义，由闭口系统能量方程：

$$Q_p = \Delta U + W_i = \Delta U + p\Delta V = \Delta(U + pV) = \Delta H$$

可知，**焓的变化等于闭口系统在定压过程中与外界交换的热量（W_i 为内部功）。**

1kg 工质的焓称为比焓（h），表示为

$$h = u + pv$$

焓的单位为焦耳（J），比焓的单位是 J/kg。**比焓是一个状态参数**。在任一平衡状态下，u、p、v 都有一定的值，因而 h 也有一定的值，而与达到这一状态的路径无关。这符合状态参数的基本性质，满足状态参数的定义，因而比焓也就具备状态参数的其他特点。又因为 u 可表示为 p、v 的函数，所以 h 也可表示为 p、v 的函数：

$$h = u + pv = f(p, v)$$

比焓也可以表示成另两个独立状态参数的函数：

$$h = f(p, T)$$

或

$$h = f(v, T)$$

同样，因为比焓是状态参数，所以具备状态参数的以下性质：

$$\Delta h_{1-a-2} = \Delta h_{1-b-2} = \int_1^2 dh = h_2 - h_1$$

$$\oint dh = 0$$

九、开口系统的能量方程式

在实际设备中，开口系统是最常见的。分析这类热力设备，常采用开口系统及控制容积的分析方法，而闭口系统及稳定流动均为开口系统特例。

如图 2-9 所示开口系统能量方程 $d\tau$ 时间内，1—1 截面，有质量为 δm_1、体积为 dV_1 的流体进入系统，同时从外界接受热量 δQ；2—2 截面，质量为 δm_2、体积为 dV_2 的流体离开系统，同时对机器设备做功 δW_i（W_i 表示工质在机器内部对机器所做的功，叫作内部功，以区别于机器的轴上向外传出的轴功 W_s。若忽略摩擦，则 W_i 与 W_s 相等）。

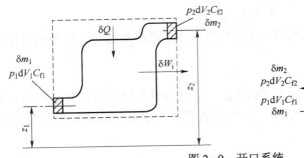

图 2-9　开口系统

完成该微元过程后系统质量增加了 $\mathrm{d}m$ ，系统的总能量增加了 $\mathrm{d}E_{\mathrm{cv}}$ 。

考虑该微元过程中的能量平衡有

进入系统的能量：$\quad\quad\quad\quad\quad \mathrm{d}E_1 + p_1\mathrm{d}V_1 + \delta Q \quad\quad\quad\quad \mathrm{d}E_1 = \mathrm{d}U_1 + \mathrm{d}E_{\mathrm{k}1} + \mathrm{d}E_{\mathrm{p}1}$

离开系统的能量：$\quad\quad\quad\quad\quad \mathrm{d}E_2 + p_2\mathrm{d}V_2 + \delta W_{\mathrm{i}} \quad\quad\quad\quad \mathrm{d}E_2 = \mathrm{d}U_2 + \mathrm{d}E_{\mathrm{k}2} + \mathrm{d}E_{\mathrm{p}2}$

储存在系统的能量：$\quad\quad\quad\quad \mathrm{d}E_{\mathrm{cv}} = \mathrm{d}(U + E_{\mathrm{k}} + E_{\mathrm{p}})_{\mathrm{CV}}$

式中，$\mathrm{d}E_1 = \mathrm{d}(U_1 + E_{\mathrm{k}1} + E_{\mathrm{p}1})$ ，$\mathrm{d}E_2 = \mathrm{d}(U_2 + E_{\mathrm{k}2} + E_{\mathrm{p}2})$ ，所以有

$$(\mathrm{d}E_1 + p_1\mathrm{d}V_1 + \delta Q) - (\mathrm{d}E_2 + p_2\mathrm{d}V_2 + \delta W_{\mathrm{i}}) = \mathrm{d}E_{\mathrm{ccv}}$$

整理后得：$\quad\quad\quad\quad \delta Q = \mathrm{d}E_{\mathrm{cv}} + (\mathrm{d}E_2 + p_2\mathrm{d}V_2) - (\mathrm{d}E_1 + p_1\mathrm{d}V_1) + \delta W_{\mathrm{i}}$

又因为 $\quad\quad\quad\quad E = me \quad\quad\quad V = mv \quad\quad\quad h = u + pv$

所以 $\quad\quad\quad \delta Q = \mathrm{d}E_{\mathrm{cv}} + \left(h_2 + \dfrac{C_{\mathrm{f}2}^2}{2} + gz_2\right)\delta m_1 - \left(h_1 + \dfrac{C_{\mathrm{f}1}^2}{2} + gz_1\right)\delta m_2 + \delta W_{\mathrm{i}} \quad\quad\quad (2-1)$

若流进流出控制容积系统的工质各有若干股，则式（1）可写成

$$\delta Q = \mathrm{d}E_{\mathrm{cv}} + \sum\left(h + \dfrac{C_{\mathrm{f}}^2}{2} + gz\right)_{\mathrm{out}}\delta m_{\mathrm{out}} - \sum\left(h + \dfrac{C_{\mathrm{f}}^2}{2} + gz\right)_{\mathrm{in}}\delta m_{\mathrm{in}} + \delta W_{\mathrm{i}} \quad\quad (2-2)$$

若考虑单位时间内系统能量关系，则仅需在式（2）两端除以 $\mathrm{d}\tau$ ，同时令：

$$\frac{\delta Q}{\mathrm{d}\tau} = \Phi \quad\quad\quad \frac{\delta m_{\mathrm{in}}}{\mathrm{d}\tau} = q_{\mathrm{m,in}} \quad\quad\quad \frac{\delta m_{\mathrm{out}}}{\mathrm{d}\tau} = q_{\mathrm{m,out}} \quad\quad\quad \frac{\delta W_{\mathrm{i}}}{\mathrm{d}\tau} = P_{\mathrm{i}}$$

则 Φ 、q_{m} 、P_{i} 分别表示单位时间内的热流量、质量流量及内部功量，分别称为热流率、质流率及内部功率。所以式（2）可写成：

$$\delta\Phi = \frac{\mathrm{d}E_{\mathrm{cv}}}{\mathrm{d}\tau} + \sum\left(h + \dfrac{C_{\mathrm{f}}^2}{2} + gz\right)_{\mathrm{out}}q_{\mathrm{m,out}} - \sum\left(h + \dfrac{C_{\mathrm{f}}^2}{2} + gz\right)_{\mathrm{in}}\delta q_{\mathrm{m,in}} + P_{\mathrm{i}} \quad (2-3)$$

式（1）、式（2）和式（3）可称为开口系统能量方程的一般表达式。

1. 稳定流动能量方程

（1）稳定流动的定义

开口系统内任意一点的工质，其状态参数不随时间变化的流动过程称为稳定流动。实现稳定流动的必要条件如下：

① 进、出口截面的参数不随时间而变。

② 系统与外界交换的功量和热量不随时间而变，即 $\dfrac{\mathrm{d}E_{cv}}{\mathrm{d}\tau}=0$。

③ 工质的质量流量不随时间而变，且进、出口的质量流量相等，即

$$q_{m,1}=q_{m,2}=q_m=\frac{A_{cf}}{v}=\text{常数}$$

以上三个条件可概括为**系统与外界进行物质和能量的交换不随时间而变**。

（2）稳定流动能量方程

根据以上三个条件代入（3）式，则对于 1kg 工质而言，稳定流动能量方程式有以下几种表达式：

$$q=\Delta h+\frac{1}{2}\Delta C_f^2+g\Delta z+w_i \tag{2--4a}$$

或

$$\delta q=\mathrm{d}h+\frac{1}{2}\mathrm{d}C_f^2+g\mathrm{d}z+\delta w_i \tag{2--4b}$$

对于 $m$kg 工质，则稳定流动能量方程式可写成：

$$Q=\Delta H+\frac{1}{2}m\Delta C_f^2+mg\Delta z+W_i \tag{2--5a}$$

或

$$\delta Q=\mathrm{d}H+\frac{1}{2}m\mathrm{d}C_f^2+mg\mathrm{d}z+\delta W_i \tag{2--5b}$$

上述公式根据能量守恒及转换定律导出，除假设流动必须稳定外无任何附加条件，所以不论系统内部如何改变，有无扰动或摩擦，均可以使用，是工程上常用的基本公式之一。

2. 稳定流动能量方程分析

（1）方程中各项的物理意义

$$q=\Delta h+\frac{1}{2}\Delta C_f^2+g\Delta z+w_i$$

$$\Delta h=\Delta u+\Delta(pv)$$

所以

$$q-\Delta u=\frac{1}{2}\Delta C_f^2+g\Delta z+\Delta(pv)+w_i$$

式中，$\dfrac{1}{2}\Delta C_f^2+g\Delta z$ 为工质机械能变化；$\Delta(pv)$ 为维持工质流动的流动功；w_i 为工质对机器所做的功。

因为机械能可全部转变为功，所以 $\dfrac{1}{2}\Delta C_f^2+g\Delta z+w_i$ 是技术上可利用的功，称为技术功，用 w_t 表示。

$$w_t=\frac{1}{2}\Delta C_f^2+g\Delta z+w_i=w_i+\frac{1}{2}(C_{f2}^2-C_{f1}^2)+g(z_2-z_1)$$

又因为

$$q-\Delta u=w_t+\Delta(pv) \quad \text{及} \quad q=w+\Delta u$$

所以

$$w=w_t+\Delta(pv) \tag{2--6}$$

（2）可逆过程中稳定流动能量方程表达式

① 技术功表达式。

对于可逆过程，有 $w = \int p\mathrm{d}v$ ，代入（6）式，有

$$\int p\mathrm{d}v = w_t + \Delta(pv)$$

所以

$$\int p\mathrm{d}v = w_t + \int \mathrm{d}(pv) \Rightarrow w_t = \int p\mathrm{d}v - \int \mathrm{d}(pv) \Rightarrow$$

$$w_t = \int p\mathrm{d}v - \left(\int p\mathrm{d}v + \int v\mathrm{d}p \right) = -\int v\mathrm{d}p$$

$$w_t = -\int v\mathrm{d}p$$

② 能量方程。

引入 w_t ，则有

$$q = \Delta h + w_t = h_2 - h_1 + w_t$$

所以 $\qquad q = \Delta h - \int_1^2 v\mathrm{d}p \qquad$ 或 $\qquad \delta q = \mathrm{d}h - v\mathrm{d}p$

或 $\qquad Q = \Delta H - \int_1^2 V\mathrm{d}p \qquad$ 或 $\qquad \delta Q = \mathrm{d}H - V\mathrm{d}p$

根据热力学第一定律有

$$q = \Delta u + \int_1^2 p\mathrm{d}v$$

$$= \Delta(h - pv) + \int_1^2 p\mathrm{d}v$$

$$= \Delta h - \Delta(pv) + \int_1^2 p\mathrm{d}v$$

$$= \Delta h - \int_1^2 \mathrm{d}(pv) + \int_1^2 p\mathrm{d}v$$

$$= \Delta h - \left(\int_1^2 p\mathrm{d}v + \int_1^2 v\mathrm{d}p \right) + \int_1^2 p\mathrm{d}v$$

$$= \Delta h - \int_1^2 v\mathrm{d}p$$

十、能量方程式的应用

热力学第一定律在分析能量的传递及转化等问题时非常有用的，但在应用能量方程分析问题时，应根据具体问题的不同条件，进行某种假定和简化，使能量方程更加简单明了。

1. 动力机

工质流经汽轮机、燃气机等动力机时，体积膨胀，对外做功。因此可以假定：

$$c_{f1} = c_{f2}, \quad z_1 = z_2, \quad 且对外散热损失很小，$$

所以 $\qquad q \approx 0$

$$w_i = h_1 - h_2 = w_t \qquad \left(w_t = \frac{1}{2}\Delta C_f^2 + g\Delta z + w_i \right)$$

2. 压气机

工质流经压气机，机器对工质做功，工质升压，工质对外界略有放热，w_i 和 q 均为负数。（习惯上用 w_c 表示压气机耗功，且令 $w_c = -w_i$）因此可以假定：

$$C_{f1} = C_{f2}, \quad z_1 = z_2$$

所以
$$w_c = -w_i = \Delta h - q = -w_t$$

3. 换热器

工质流经锅炉、回热气等换热设备时，只有热量交换，而无功量交换，且

$$C_{f1} = C_{f2}, \quad z_1 = z_2$$

所以
$$q = h_1 - h_2$$

4. 管道

工质流经喷管或扩压管等设备时，不对设备做功，且 $z_1 = z_2$，同时由于工质流速大，特殊管道长度短，来不及与外界交换热量，所以有 $q = 0$，因此有

$$\frac{1}{2}(C_{f2}^2 - C_{f1}^2) = h_1 - h_2$$

5. 节流

工质流经阀门等截面时，压力下降，这种流动称为节流。由于存在摩擦和涡流，流动是不可逆的。

在离阀门不远处的两截面，工质状态趋于平衡，设流动绝热 $q = 0$，又不对外做功，$w_i = 0$，又设 $C_{f1} \approx C_{f2}$，$z_1 \approx z_2$，所以 $\Delta h = 0 \Rightarrow h_1 - h_2 = 0$，即节流前后工质焓值相等。

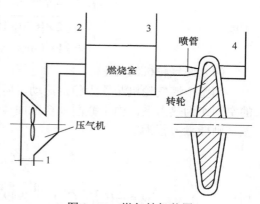

图 2-10　燃气轮机装置

【**例 2-8**】某燃气轮机装置，如图 2-10 所示。已知压气机进口处比焓 $h_1 = 290\text{kJ/kg}$，经压缩后，空气升温使比焓增为 $h_2 = 580\text{kJ/kg}$。在截面 2 处空气和燃料的混合物以 $C_{f2} = 20\text{m/s}$ 的速度进入燃烧时，在定压下燃烧，使工质吸入热量 $q = 670\text{kJ/kg}$。燃烧后燃气进入喷管绝热膨胀到状态 3，$h_3' = 800\text{kJ/kg}$，流速增加到 C_{f3}'。此燃气进入动叶片，推动转轮回转做功。若燃气在动叶片中的热力状态不变，最后离开燃气轮机的速度 $C_{f4} = 100\text{m/s}$，求：

（1）若空气流量为 100kg/s，压气机消耗的功率为多少？

（2）若燃气的发热值 $q_B = 43960\text{kJ/kg}$，燃料耗量为多少？

（3）燃气在喷管出口处的流速 C_{f3}' 是多少？

（4）燃气轮机的功率是多少？

（5）燃气轮机装置的总功率是多少？

解：（1）压气机消耗的功率。

取压气机开口系为热力系。假定压缩过程是绝热（实际上略有放热），忽略宏观动能、位能差的影响，由流动能量流动方程：

$$q = \Delta h + \frac{1}{2}C_f^2 + g\Delta z + w_i$$

得
$$w_i = -\Delta h = h_1 - h_2 = 290 - 580 = -290 \quad (\text{kJ/kg})$$

则压气机的功率为
$$P_c = q_m w_i = 100 \times 290 = 29000 \text{ (kW)}$$

（2）燃料的耗量
$$q_{m,B} = \frac{q_m q}{q_B} = \frac{100 \times 670}{43960} = 1.52 \text{ (kg/s)}$$

（3）燃料在喷管出口处的流速 C_{f3}

取截面 2—3 的空间作热力系统，工质稳定流动，若忽略重力位能差值，则能量方程为
$$q = \Delta h + \frac{1}{2} C_f^2 + w_i$$

因为
$$w_i = 0$$

所以
$$q = \Delta h + \frac{1}{2} C_f^2 = (h_3 - h_2) + \frac{1}{2}(C_{f3}^2 - C_{f2}^2)$$

$$C_{f3}^2 = \sqrt{2[q - (h_3 - h_2)] + C_{f2}^2}$$

所以
$$= \sqrt{2 \times [670 \times 10^3 - (800 - 580) \times 10^3] + 20^2}$$
$$= 949 \text{ (m/s)}$$

（4）燃气轮机的功率

因整个燃气轮机装置为稳定流动，所以燃气流量等于空气流量。取截面 3 至截面 4 转轴的空间作为热力系，由于截面 3 至截面 4 上工质的热力状态参数相同，有 $h_4 = h_3$。忽略位能差，则能量方程为
$$\frac{1}{2}(C_{f4}^2 - C_{f3}^2) + w_i = 0$$

所以
$$w_i = \frac{1}{2}(C_{f3}^2 - C_{f4}^2) = \frac{1}{2}(949^2 - 100^2) = 445.3 \times 10^3 = 445.3 \text{ (kJ/kg)}$$

燃气机功率：$P_T = q_m w_i = 100 \times 445.3 = 44530 \text{ (kW)}$

（5）总功率

装置总功率＝燃气机产生的功率－压气机消耗的功率

所以
$$P = P_T - P_c = 44530 - 29000 = 15530 \text{ (kW)}$$

讨论① 首先要根据具体问题选好热力系。

② 注意能量方程中，动能、位能差项与其他项的量纲统一。

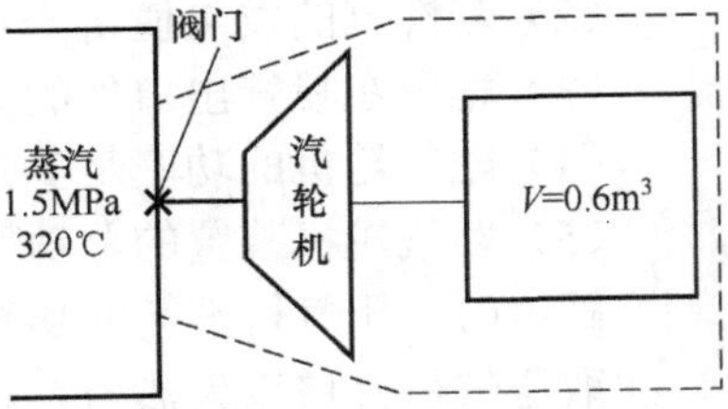

【例 2-9】如图 2-11 所示，一大的储气罐里储存温度为 320℃、压力为 1.5MPa、比焓为 3081.9kJ/kg 的水蒸气。通过一阀门与一汽轮机和体积为 0.6m³、起初被抽空的小容器相连。打开阀门，小容器被充以水蒸气，直到压力为 1.5MPa，温度为 400℃时阀门关闭，此时得比热力学能为 2951.3kJ/kg，比体积为 0.203m³/kg。若整个过程是绝热的，且动能、位能变化可忽略，求汽轮机输出的功。

图 2-11 例 2-9 图

解： 选图中虚线包围的空间为热力系。依题意，假设大的储气罐内蒸汽的状态保持稳定，小容器内蒸汽的终态是平衡态，且假设充气结束时，汽轮机及连接管道内的蒸汽量可忽略。

又根据过程绝热，$Q_{cv} = 0$，动能、位能忽略，则能量方程简化为

$$\Delta E_{cv} - m_{cv}h_{in} + W_{net} = 0$$

又因为在系统内能量增加只是工质热力学能的增加，即 $\Delta E_{cv} = \Delta U_{cv}$，

所以

$$W_{net} = m_{cv}h_{in} - \Delta U_{cv}$$

而

$$\Delta U_{cv} = m_2 u_2 - m_1 u_1 = m_2 u_2$$

$$\Delta m_{cv} = m_2 = \frac{V}{v_2}$$

所以

$$W_{net} = m_2(h_{in} - \Delta u_{cv}) = \frac{V}{v_2}(h_{in} - \Delta u_{cv})$$

$$= \frac{0.6}{0.203} \times (3081.9 - 2951.3)$$

$$= 386 \ (kJ)$$

又因为本题无其他边界，所以开口系的净功 W_{net} 就是汽轮机所做的轴功，即 $W_s = W_{net} = 386 \ (kJ)$。

十一、热容

1. 摩尔热容

在准静态过程的热量知识点中我们介绍了使用比热容计算热量的方法。比热容是单位质量的物体温度每升高或降低一度所吸收或放出的热量。这里我们定义一个新的物理量——摩尔热容：1mol 物质温度升高（或降低）1℃所吸收（或放出）的热量称为摩尔热容，用 C_m 表示，其定义式为

$$C_m = \frac{dQ}{ndT}$$

式中，dQ 为一个无限小的热力学过程中系统吸收的热量；dT 为温度的变化；n 为系统的摩尔数。因为热量 Q 与过程相关，所以摩尔热容也与过程相关。对不同的过程，摩尔热容也不同。而且对于一般的过程，摩尔热容也不是常量。若已知过程的摩尔热容 C_m，温度的变化 ΔT，系统的摩尔数 n，则计算该过程吸收的热量应是积分：

$$Q = \int_{T_1}^{T_2} nC_m dT$$

如果摩尔热容 C_m 不是常量，则 C_m 是不能从积分号内提出的。如果摩尔热容是一个常量，则系统在过程吸收的热量可表示为

$$Q = nC_m(T_2 - T_1) = nC_m \Delta T$$

摩尔热容 C_m 中下标 m 通常指示过程。比如，m 为 V 时表示等体积过程。根据比热容和

摩尔热容的定义，它们之间有如下关系：

$$C_m = Mc$$

式中 M 为气体的摩尔质量。

2. 摩尔热容的另一种表达方式

根据热力学第一定律，将 $dQ = dU + dW$ 代入摩尔热容的定义，可得

$$C_m = \frac{dU}{ndT} + \frac{dW}{ndT}$$

式中，第一项代表系统内能改变所需要的热量；第二项代表系统做功需要的热量。因为系统的内能是状态量，功是过程量，故上式等号右端第一项应与具体过程无关；第二项才反映具体过程的特征。例如，对于理想气体的平衡过程，由于理想气体的内能 $U = n\frac{i}{2}RT$，故

$dU = n\frac{i}{2}RdT$；而 $dW = pdV$，代入上式有

$$C_m = \frac{i}{2}R + \frac{pdV}{ndT}$$

该式即为理想气体的摩尔热容的计算公式。在根据上式计算理想气体的摩尔热容时，第一项是与具体过程无关的确定表达；在第二项中，只要把反映具体过程特征的过程方程引入即可算出。有时，摩尔热容也可以通过热量表达式求解出来。

3. 等容摩尔热容

按理想气体摩尔热容的计算公式，等容摩尔热容为

$$C_V = \frac{i}{2}R + \frac{pdV}{ndT} = \frac{i}{2}R$$

因为等容过程气体不做功，所以等容摩尔热容 C_V 只包含气体内能变化所需要的热量。对于刚性分子模型，单原子分子 $i = 3$，双原子分子 $i = 5$，多原子分子 $i = 6$，可分别得到 $C_V = \frac{3}{2}R$、$\frac{5}{2}R$、$3R$。

用等体摩尔热容可以把理想气体的内能公式记为

$$U = n\frac{i}{2}RT = nC_VT = \frac{i}{2}pV$$

内能的变化记为

$$\Delta U = n\frac{i}{2}R\Delta T = nC_V\Delta T = \frac{i}{2}\Delta(pV)$$

平衡过程的摩尔热容的计算公式记为

$$C_m = C_V + \frac{pdV}{ndT}$$

4. 等压摩尔热容

按摩尔热容的定义式，等压摩尔热容为

$$C_p = \frac{dQ}{ndT} = \frac{n(C_V + R)dT}{ndT} = C_V + R = \frac{i+2}{2}R$$

其中，

$$C_p = C_V + R$$

该公式称为迈耶公式，表示等压摩尔热容和等体积摩尔热容的关系。C_p 比 C_V 大一个 R，是因为系统在等压过程中，要多吸收一部分热量用来对外做功。这个关系也可以用比热容比 γ 表示，比热容比 γ 定义为等压摩尔热容和等容摩尔热容之比

$$\gamma = \frac{C_p}{C_V} = \frac{i+2}{i}$$

对于刚性分子模型，等压摩尔热容 $C_p = \frac{5}{2}R$、$\frac{7}{2}R$、$4R$，比热容比 $\gamma = \frac{5}{3}$、$\frac{7}{5}$、$\frac{4}{3}$。用等压摩尔热容可以将等压过程的气体吸热量表示为

$$Q = nC_p\Delta T$$

> 大家注意到，等压摩尔热容与等容摩尔热容虽然不同，但它们在各自的变化过程中都是一个常数。在一般的过程中，摩尔热容不仅与过程有关，而且在过程中也是变化的。

十二、绝热过程

所谓绝热过程，是系统在与外界完全没有热量交换的情况下发生的状态变化过程，当然这是一种理想过程。对于实际发生的过程，只要满足一定的条件，可以近似看成绝热过程，例如：用绝热性能良好的绝热材料将系统与外界分开，或者让过程进行得非常快，以致系统来不及与外界进行明显的热交换等。绝热过程的特征是：$Q=0$，因而有 $W=-\Delta U$，即在绝热过程中，如果系统对外界做正功，就必须以消耗系统的内能为代价，即系统的内能减少；反之，如果系统对外界做负功（即外界对系统做正功），则系统的内能就增加。按照内能增量的计算公式，有

$$W = -\Delta U = nC_V(T_1 - T_2) = \frac{i}{2}(p_1V_1 - p_2V_2) = \frac{1}{\gamma - 1}(p_1V_1 - p_2V_2)$$

式中，γ 是比热容比。绝热过程没有热量交换，摩尔热容为零。

绝热过程不是等值过程，系统的状态参量 p、V、T 在过程中均为变量，和其他过程一样会有一个描写过程曲线的方程。这个方程叫作绝热方程。绝热过程的曲线叫作绝热线。下面推导理想气体的绝热过程方程。对于理想气体，将物态方程 $pV = nRT$ 全微分，有

$$pdV + Vdp = nRdT$$

对于平衡态绝热过程，由 $dW=-dE$ 和 $dW=pdV$ 以及 $dE = nC_V dT$，可得

$$pdV = -nC_V dT$$

将上面两式相除消去 dT，得到

$$1 + \frac{Vdp}{pdV} = -\frac{R}{C_V}$$

或

$$\frac{V\mathrm{d}p}{p\mathrm{d}V} = -\frac{R}{C_V} - 1 = -\frac{C_V + R}{C_V} = -\frac{C_p}{C_V} = -\gamma$$

式中，γ 为比热容比。把上式分离变量为

$$\frac{\mathrm{d}p}{p} = -\gamma\frac{\mathrm{d}V}{V}$$

两端积分

$$\int\frac{\mathrm{d}p}{p} = -\gamma\int\frac{\mathrm{d}V}{V}$$

得到

$$\ln p = -\gamma\ln V + c = -\ln V^\gamma + c$$

或

$$\ln pV^\gamma = c$$

最后得到绝热方程

$$pV^\gamma = 常量$$

上式称为绝热过程的泊松方程。再使用物态方程 $pV = nRT$，上式可以替换成：

$$TV^{\gamma-1} = 常量$$

$$p^{\gamma-1}T^{-\gamma} = 常量$$

上面三个式子统称为绝热方程。

图 2-12 是 $p-V$ 图上的绝热过程曲线 Ⅰ，以及它和等温过程曲线 Ⅱ 的比较。从图中可以看出，一定量的理想气体从同一状态 A 出发，绝热线要比等温线变化陡一些，即发生相同的体积变化 ΔV 时，绝热过程压强变化的绝对值 $|\Delta p|$ 要比等温过程大一些。

由绝热过程的泊松方程可得绝热线的斜率为

$$\frac{\mathrm{d}p}{\mathrm{d}V} = -\gamma\frac{p}{V}$$

即可看出，在 $p-V$ 图上同一点，绝热线斜率的绝对值大于等温线斜率的绝对值，即

$$\gamma\frac{p}{V} > \frac{p}{V}$$

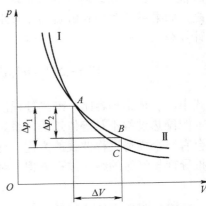

图 2-12 绝热过程与等温过程的比较

另外，绝热过程的压力变化大于等温过程的压强变化，也可用气体动理论来加以解释。以气体膨胀为例，在等温过程中，分子的热运动平均平动动能不变，引起压力减少的因素仅是因体积增大引起的分子数密度的减小。而在绝热过程中，除了分子数密度有同样的减小外，还由于气体膨胀对外做功时降低了温度，从而使分子的平均平动动能也随之减小。因此，绝

热过程压力的减小要比等温过程来得多。

十三、循环过程

系统由最初状态经历一系列的变化后又回到最初状态的整个过程称为循环过程，也可简称循环。准静态（平衡）的循环过程，可用 $p-V$ 图上的一条闭合曲线来表示，如图 2-13 中的 $abcda$ 所示。

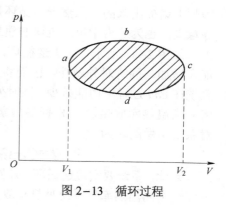

图 2-13　循环过程

循环过程的一个重要特征是，每完成一次循环系统内能保持不变，即 $\Delta U=0$。根据热力学第一定律，可知系统从外界吸收的净热量一定等于系统对外界所做的净功，或外界在系统的一次循环过程中对系统做的功等于系统对外界放出的净热量，即 $Q=W$。这里所用的"净"，请注意它的含意，是循环过程中吸热与放热之差。循环分为两类：正循环和逆循环。正循环：在 $p-V$ 图上，若循环进行的过程曲线沿顺时针方向，则称为正循环，也叫顺时针循环或热机循环。逆循环：在 $p-V$ 图上，若循环进行的过程曲线沿逆时针方向，则称为逆循环，也叫逆时针循环或制冷循环。

为了对循环过程的特点进行深入分析，可以将循环分为多个分过程进行分析。为了满足准静态的状态变化要求，外界的温度必须始终随系统温度的变化而仅保持一个微小的差别。因此，在一次循环中，系统通常要和一些温度不同，甚至是一系列只有微小温度差的恒温热库（也叫热源）发生热接触，与它们进行热量的交换，从一些热库吸收热量，而向另外一些热库放出热量。这里所说的恒温热库是指无论怎样进行热交换，都不会改变温度的热运动系统。需要说明的是，这里所说的高温热库或低温热库，不是指单一温度的热源，而是一系列恒温热源组成的系统。因为系统循环到不同阶段，所需要的热库的温度是不同的。

所谓热机，就是能利用系统（在工程上也称为工质）通过正循环，不断地把从外界吸收的热量的一部分转化为有用功，能够完成热-功转换的机器，如蒸汽机、内燃机等，统称为热机。因此，正循环也称为热机循环。

反映热机最重要性能的物理量就是热机的效率。热机效率在理论和实践上都是很重要的，热机效率定义为，在一次循环中工质对外做的净功与它从高温热库吸收热量的比率，即

$$\eta = \frac{W}{Q_1}$$

因净功 $W=Q_1-Q_2$，上式还可表示为

$$\eta = 1 - \frac{Q_2}{Q_1}$$

在实际应用中，根据已知条件可以选择上面两个式子中的一个进行计算。

从 19 世纪起，蒸汽机在工业、交通运输中起着越来越重要的作用。但是蒸汽机的效率很低，一般不到 15%，也就是有 85% 以上的热量没有被利用。在生产需求的推动下，许多科学家和工程师开始从理论上来研究热机的效率问题。卡诺循环就是在这样的情况下，由法国工程师卡诺提出来的。虽然卡诺循环是一种理想循环，但是它对实际热机的研制具有重要的指导意义，也为热力学第二定律的建立奠定了基础。

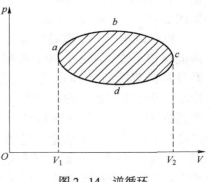

如图 2-14 所示，对于逆循环，系统在 adc 过程中内能在增加，同时对外做功，因而将从低温热库吸热 Q_2；系统在 cba 过程中内能减少，同时外界对系统做功，因而将向高温热库放热 Q_1。根据热力学第一定律，可得外界对系统所做的功为

$$W=Q=Q_1-Q_2$$

因此，系统要实现逆循环，外界必须提供一个低温热库和一个高温热库供系统吸热与放热，同时外界要对系统做正功。

图 2-14　逆循环

和正循环相反，系统（或工质）进行逆循环时系统对外界做的净功 $W=W_1-W_2$ 为负，即外界对系统做正功，系统从外界吸收的净热量 Q 为负，也就是系统向外界放热。在逆循环过程中，系统从低温热库吸入热量 Q_2，并以外界做功 W 为代价，向高温热库放出热量 $Q_1=Q_2+W$。这正是制冷机的工作原理。所谓制冷机，就是利用外界对系统（工质）做功，使部分外界（低温热库）通过放热得到冷却或维持较低温度的机器。因此，逆循环也称制冷循环。根据制冷循环原理工作的机器有冰箱、冷空调等。

反映制冷机性能的最重要物理量是制冷系数。制冷系数定义为，在一次循环中系统从低温热库吸收的热量与外界对系统做的净功的比率，用 ω 表示，$\omega=\dfrac{Q_2}{W}$。因外界做功 $W=Q_1-Q_2$，该式还可表示为

$$\omega=\frac{Q_2}{Q_1-Q_2}$$

在实际应用中，根据已知条件可以选择上面两个式子中的一个进行计算。需要注意的是，热机的效率总是小于 1 的，而制冷机的制冷系数则往往是大于 1 的。在掌握效率和制冷系数的公式时，应该注意二者在定义时有一个共同点，那就是都将获取的效益放在分子上，而付出的代价则放在分母上。

理想气体进行制冷循环时，从低温热库吸热

$$Q_2=Q_{43}=nRT_2\ln\frac{V_3}{V_4}$$

向高温热库放热为

$$Q_1=|Q_{21}|=nRT_1\ln\frac{V_2}{V_1}$$

故制冷机的制冷系数为

$$\omega_c = \frac{Q_2}{Q_1 - Q_2} = \frac{T_2}{T_1 - T_2}$$

该式表示低温热库的温度越低，制冷系数就越小，要进一步制冷就越困难。因此，制冷机的制冷系数不是由机器性能唯一决定的，还与外界条件有关。高低温热库的温差越大，制冷系数就越小，制冷的能耗就大。

热泵是制冷机的一种巧妙的应用。我们注意到，制冷机的制冷系数是完全可以大于 1 的。假设制冷系数为 5，则外界对系统做 1J 的功就可以从低温热库吸收 5J 的热量，在高温热库放出的热量就是 6J。因此，如果将制冷机反过来应用于制热（如取暖），使用 1J 的电能就可以在其高温热库获得 6J 的热能，这时制冷机就被称为热泵。比如单冷空调，在夏天主要应用的是制冷性能，是制冷机；在冬天，可以将空调调换安装（将散热装置安装在室内），它就成为一个热泵了。

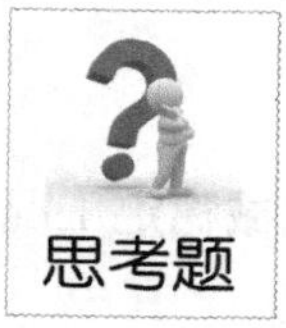

【思考题 2–1】热量和热力学能有什么区别？有什么联系？

【思考题 2–2】如果将能量方程写为 $\delta q = \mathrm{d}u + p\mathrm{d}v$ 或 $\delta q = \mathrm{d}h - v\mathrm{d}p$，那么它们的适用范围如何？

【思考题 2–3】能量方程 $\delta q = \mathrm{d}u + p\mathrm{d}v$（变大）与比焓的微分式 $\mathrm{d}h = \mathrm{d}u + \mathrm{d}(pv)$（变大）很相像，为什么热量 q 不是状态参数，而比焓 h 是状态参数？

【思考题 2–4】用隔板将绝热刚性容器分成 A、B 两部分（思考题图 2–1），A 部分装有 1kg 气体，B 部分为高度真空。将隔板抽去后，气体热力学能是否会发生变化？能不能用 $\delta q = \mathrm{d}u + p\mathrm{d}v$ 来分析这一过程？

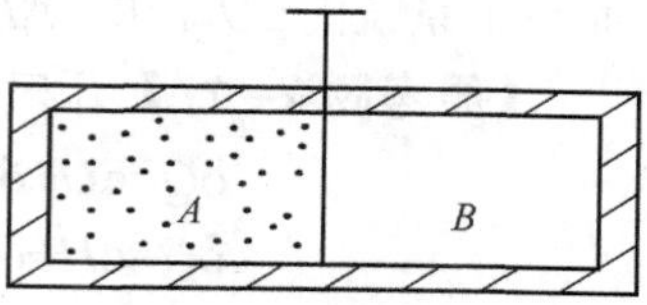

思考题图 2–1

【思考题 2–5】说明下列论断是否正确：

（1）气体吸热后一定膨胀，热力学能一定增加。

（2）气体膨胀时一定对外做功。

（3）气体压缩时一定消耗做功。

【思考题 2–6】热力学能就是热量吗？

【思考题 2–7】若在研究飞机发动机中工质的能量转换规律时把参考坐标建在飞机上，工质的总能中是否包括外部储存能？在以氢、氧为燃料的电池系统中系统的热力学能是否应包括氢和氧的化学能？

【思考题 2–8】能否由下面的基本能量方程式得出功、热量和热力学能是相同性质的参数的结论？

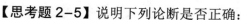

$$q = \Delta u + w$$

【思考题 2–9】一刚性绝热容器，中间用绝热隔板分为两部分，A 中存有高压空气，B 中保持真空，如思考题图 2–2 所示。若将隔板抽去，分析容器中空气的热力学能将如何变化？若在隔板上有一小孔，气体泄漏入 B 中，分析 A、B 两部分压力相同时 A、B 两部分气体热力学能如何

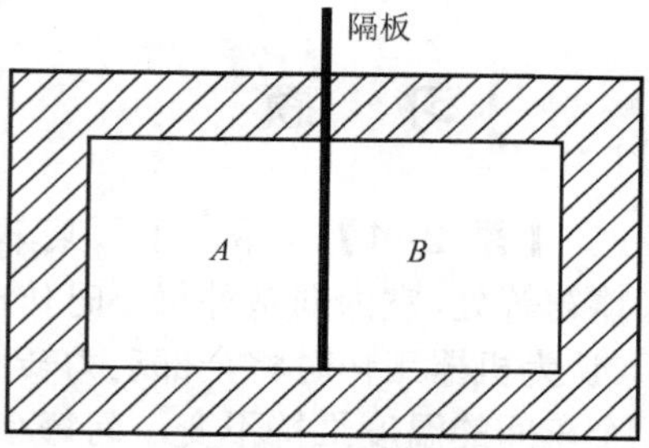

思考题图 2–2 自由膨胀

变化？

【思考题 2-10】热力学第一定律的能量方程式是否可写成下列形式？为什么？

$$q=\Delta u+pv$$
$$q_2-q_1=（u_2-u_1）+（w_2-w_1）$$

【思考题 2-11】热力学第一定律解析式有时写成下列两者形式：

$$q=\Delta u+w$$
$$q=\Delta u+\int_1^2 pdv$$

分别讨论上述两式的适用范围。

【思考题 2-12】为什么推动功出现在开口系能量方程中，而不出现在闭口系能量方程中？

【思考题 2-13】焓是工质流入（或流出）开口系时传递入（或传递出）系统的总能量，那么闭口系工质有没有焓值？

【思考题 2-14】气体流入真空容器，是否需要推动功？

【思考题 2-15】稳定流动能量方程式是否可应用于像活塞式压气机这样的机械稳定工况运行的能量分析？为什么？

【思考题 2-16】为什么稳定流动开口系内不同部分工质的热力学能、焓、熵等都会改变，而整个系统的 $\Delta U_{CV}=0$、$\Delta H_{CV}=0$、$\Delta S_{CV}=0$？

【思考题 2-17】开口系实施稳定流动过程，是否同时满足下列三式：

$$\delta Q=dU+\delta W$$
$$\delta Q=dH+\delta W_t$$
$$\delta Q=dH+\frac{m}{2}d(C_f^2)+mgdz+\delta W_i$$

上述三式中，W、W_t 和 W_i 的关系是什么？

【思考题 2-18】几股流体汇合成一股流体称为合流，如思考题图 2-3 所示。工程上几台压气机同时向主气道送气以及混合式换热器等都有合流的问题。通常合流过程都是绝热的。取 1—1、2—2 和 3—3 截面之间的空间为控制体积，列出能量方程式并导出出口截面上比焓值 h_3 的计算式。

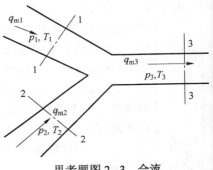

思考题图 2-3　合流

习　题

【题 2-1】冬季，工厂某车间要使室内维持一适宜温度。在这一温度下，透过墙壁和玻璃窗等处，室内向室外每小时传出 0.7×10^6kcal 的热量。车间各工作机器消耗的动力为 500PS⊖（认为机器工作时将全部动力转变为热能）。另外，室内经常点着 50 盏 100W 的电灯。要使这个车间的温度维持不变，问每小时需供给多少热量？

⊖ PS 为公制马力的符号，1PS=75kgf·m/s。

【题2-2】某机器运转时，由于润滑不良产生摩擦热，使质量为150kg的钢制机体在30min内温度升高50℃。试计算摩擦引起的功率损失（已知每千克钢每升高1℃需热量0.461kJ）。

【题2-3】气体在某一过程中吸入热量12kJ，同时热力学能增加20kJ。问此过程是膨胀过程还是压缩过程？对外所做的功是多少（不考虑摩擦）？

【题2-4】有一闭口系统，从状态1经过a变化到状态2题图2-1，又从状态2经过b回到状态1，再从状态1经过c变化到状态2。在这三个过程中，热量和功的某些值已知（题表2-1中所列数值），某些值未知（表中空白）。试确定这些未知值。

题表2-1 热量和功的值

过　　程	热量 Q/kJ	膨胀功 W/kJ
1—a—2	10	（ ）
2—b—1	−7	−4
1—c—2	（ ）	8

【题2-5】绝热封闭的气缸中储有不可压缩的液体0.002m³，通过活塞使液体的压力从0.2MPa提高到4MPa（题图2-2）。试求：

（1）外界对流体所做的功。

（2）液体热力学能的变化。

（3）液体焓的变化。

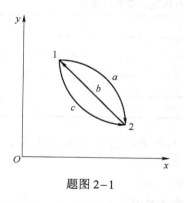

题图2-1

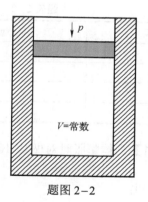

题图2-2

【题2-6】同上题，如果认为液体是从压力为0.2MPa的低压管道进入气缸，经提高压力后排向4MPa的高压管道，这时外界消耗的功以及液体的热力学能和焓如何变化？

【题2-7】已知汽轮机中蒸汽的流量q_m=40t/h；汽轮机进口蒸汽比焓h_1=3442kJ/kg；出口蒸汽比焓h_2=2448kJ/kg（题图2-3），试计算汽轮机的功率（不考虑汽轮机的散热以及进、出口气流的动能差和位能差）。

如果考虑到汽轮机每小时散失热量$0.5×10^6$kJ，进口流速为70m/s，出口流速为120m/s，进口比出口高1.6m，那么汽轮机的功率又是多少？

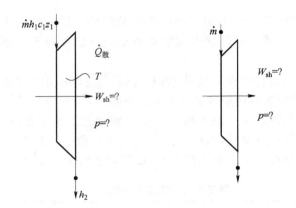

题图 2-3

【题 2-8】一汽车以 45km/h 的速度行驶，每小时耗油 $34.1 \times 10^{-3} m^3$。已知汽油的密度为 $0.75 g/cm^3$，汽油的发热量为 44000kJ/kg，通过车轮输出的功率为 87PS。试求每小时通过排气及散热器散出的总热量。

【题 2-9】有一热机循环，在吸热过程中工质从外界获得热量 1800J，在放热过程中向外界放出热量 1080J，在压缩过程中外界消耗功 700J。试求膨胀过程中工质对外界所做的功。

【题 2-10】某蒸汽循环 1—2—3—4—1，各过程中的热量、技术功及焓的变化有的已知（题表 2-2 所列数值），有的未知（表中空白）。试确定这些未知值，并计算循环的净功 w_0 和净热量 q_0。

题表 2-2　各过程中的热量、技术功及焓

过 程	$q/（kJ/kg）$	$w_t/（kJ/kg）$	$h/（kJ/kg）$
1—2	0		18
2—3		0	
3—4	0		−1142
4—1		0	−2094

【题 2-11】气体膨胀时对做功 100J，同时从外界吸收了 120J 的热量，它的内能的变化是（　　）。

A. 减小 20J

B. 增大 20J

C. 减小 220J

D. 增大 220J

【题 2-12】一个气泡从恒温水槽的底部缓慢向上浮起，若气泡内空气可以看作理想气体，则在气泡缓慢上升的过程中，（　　）。

A. 气泡内空气内能不变，分子平均动能不变

B. 气泡内空气内能不变，不吸热也不放热

C. 气泡内空气体积膨胀，温度升高，内能增大

D. 气泡内空气对外做功，内能不变，同时吸热

【题 2-13】处于平衡态 A 的热力学系统，若经准静态等容过程变到平衡态 B，将从外界

吸收热量416J；若经准静态等压过程变到与平衡态 B 有相同的温度的平衡态 C，将从外界吸收热量582J。问从平衡态 A 变到平衡态 C 的准静态等压过程中系统对外界所做的功为多少？

【题 2-14】常温常压下，一定量的某种理想气体（可视为刚性分子自由度为 i），在等压过程中吸热为 Q，对外界做功为 W，内能增加为 ΔU，则 $\dfrac{U}{Q}$ 和 $\dfrac{\Delta U}{Q}$ 分别为多少？

【题 2-15】刚性双原子分子的理想气体在等压下膨胀所做的功为 W，则传递给气体的热量为多少？

【题 2-16】1mol 的单原子理想气体，从状态 Ⅰ (p_1,V_1,T_1) 变至状态 Ⅱ (p_2,V_2,T_2)，如题图 2-4 所示。此过程气体对外界做功为多少？吸收热量为多少？

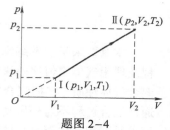

题图 2-4

【题 2-17】气缸内有 2mol 氦气，初始温度为 27℃，体积为 20L。先将氦气等压膨胀，直至体积加倍，然后绝热膨胀，直至回复初温为止，把氦气视为理想气体。试求：

（1）在 p—V 图上大致画出气体的状态变化过程。

（2）在这过程中氦气吸热多少？

（3）氦气的内能变化是多少？

（4）氦气所做的总功是多少？

[普适气体常量 R=8.31J/(mol·K)]

【题 2-18】0.02kg 的氢气（视为理想气体），温度由 17℃升为 27℃。若升温过程如下，

（1）体积保持不变。

（2）压强保持不变。

（3）不与外界交换热量。

试分别求出气体内能的改变、吸收的热量、外界对气体所做的功[普适气体常量 R=8.31J/(mol·K)]。

【题 2-19】一定量的理想气体在 p-V 图中的等温线与绝热线交点处两线的斜率之比为 0.714，求其定容摩尔热容。

第三章

理想气体的性质

本章要求学生熟练掌握理想气体状态方程的各种表述形式，能熟练应用理想气体状态方程及理想气体定值比热进行各种热力计算，掌握理想气体平均比热的概念和计算方法；理解混合气体性质，掌握混合气体分压力、分容积的概念。求混合后的温度是工程上常遇的问题，通常混合过程不对外做功，又可作为绝热处理时，根据热力学第一定律可得到 $\Delta U=0$，从而可求得理想气体混合后的温度。如果已知理想气体混合前后的温度，就可求取焓的变化。可是要确定熵变，还得知道混合前后压力的变化。值得注意的是，不同气体混合后,求各组元熵变时，混合的压力应取该组元的分压力。如果计算结果说明混合后熵增加了，则提出两个问题供思考：一是根据题意绝热容器与外界无热量交换，是否可根据熵的定义式得到 $\Delta S=0$？二是为什么混合过程使熵增加？混合后熵增是必然的，或是说熵也可能不增加，或者是熵减的混合，后一问题留待读者在学习过热力学第二定律后思考。

一、理想气体

理想气体定义：气体分子是有弹性的、忽略分子相互作用力及不占有体积的质点，当实际气体 $p \rightarrow 0$、$V \rightarrow \infty$ 的极限状态时，气体为理想气体。

理想气体状态方程的几种形式如下：

$$pv = RT$$

式中，p 为绝对压力（Pa）；v 为比体积（m^3/kg）；T 为热力学温度（K）。该公式适用于 1kg 理想气体。

$$pV = mRT$$

式中，V 为质量为 $m$kg 气体所占的容积。适用于 $m$kg 理想气体。

$$pV_M = R_0T$$

式中，$V_m = M_V$，为气体的摩尔容积（$m^3/kmol$）；$R_0 = MR$ 为通用气体常数 [J/（kmol·K）]。该公式适用于 1kmol 理想气体。

$$pV = nR_0T$$

式中，V 为 $n$kmol 气体所占有的容积（m^3）；n 为气体的摩尔数（kmol），$n = \dfrac{m}{M}$。该公式适用于 $n$kmol 理想气体。

$$\frac{p_1v_1}{T_1} = \frac{p_2v_2}{T_2}, \quad \frac{p_1V_1}{T_1} = \frac{p_2V_2}{T_2}$$

该式仅适用于闭口系统。

通用气体常数： $R_0 = 8314 \, J/(kmol \cdot K)$。注意：$R_0$ 与气体性质、状态均无关。

气体常数： $R = \dfrac{R_0}{M} = \dfrac{8314}{M}$ [$J/(kg \cdot K)$]；注意：与状态无关，仅决定于气体性质。

比热容定义： 单位质量的物体，温度升高或降低 1K（1℃）所吸收或放出的热量，称为该物体的比热容。

$$c = \frac{\delta q}{dT}$$

换算关系：

$$c' = \frac{M_c}{22.4}$$

式中，c 为质量比热容 [$kJ/(kg \cdot K)$]；c' 为比容积热容 [$kJ/(m^3 \cdot K)$]；M_c 为比摩尔热容 [$kJ/(kmol \cdot K)$]

> **注意：** 比热容不仅取决于气体的性质，还与气体的热力过程及所处的状态有关。

二、比定容热容和比定压热容

比定容热容：

$$c_V = \frac{\delta q_V}{dT} = \frac{du_V}{dT} = \left(\frac{\partial u}{\partial T} \right)_V$$

表示：单位质量的气体在定容情况下升高或降低 1K 所吸收或放出的热量。

比定压热容：

$$c_p = \frac{\delta q_p}{dT} = \frac{dh}{dT}$$

表示：单位质量的气体在定压情况下升高或降低 1K 所吸收或放出的热量。

迈耶公式：

$$c_p - c_V = R$$
$$c_p' - c_V' = \rho_0 R$$
$$Mc_p - Mc_V = MR = R_0$$

比热容比：

$$\kappa = \frac{c_p}{c_V} = \frac{c_p'}{c_V'} = \frac{Mc_p}{Mc_V}$$

$$c_V = \frac{\kappa R}{\kappa - 1}$$

$$c_p = \frac{nR}{\kappa - 1}$$

三、定值比热容、真实比热容与平均比热容

（1）**定值比热容：** 凡分子中原子数目相同因而其运动自由度也相同的气体，它们的摩尔比热容值都相等，称为定值比热容。

（2）**真实比热容：** 相应于每一温度下的比热容值称为气体的真实比热容。

常将比热容与温度的函数关系表示为温度的三次多项式：

$$Mc_p = a_0 + a_1T + a_2T^2 + a_3T^3$$

四、混合气体的分压力

维持混合气体的温度和容积不变时，各组成气体所具有的压力。

道尔顿分压定律：混合气体的总压力 p 等于各组成气体分压力 p_i 之和，即

$$p = p_1 + p_2 + p_3 + \cdots + p_n = \left[\sum_{i=1}^{n} p_i\right]_{T,V}$$

混合气体的分容积：维持混合气体的温度和压力不变时，各组成气体所具有的容积。

阿密盖特分容积定律：混合气体的总容积 V 等于各组成气体分容积 V_i 之和，即

$$V = V_1 + V_2 + V_3 + \cdots + V_n = \left[\sum_{i=1}^{n} V_i\right]_{T,P}$$

质量成分：混合气体中某组元气体的质量与混合气体总质量的比值，$g_i = \dfrac{m_i}{m}$。

容积成分：混合气体中某组元气体的容积与混合气体总容积的比值，$r_i = \dfrac{V_i}{V}$。

摩尔成分：混合气体中某组元气体的摩尔数与混合气体总摩尔数的比值，$n_i = \dfrac{M_i}{M}$。

运用理想气体状态方程确定气体的数量和体积等，需特别注意有关物理量的含义及单位的选取。考虑比热容随温度变化后，产生了多种计算理想气体热力参数变化量的方法，要熟练地掌握和运用这些方法，必须多加练习才能达到目的。例如：在非定值比热容的情况下，理想气体内能和焓变化量的计算方法、理想混合气体的分量表示法、理想混合气体相对分子质量和气体常数的计算方法。

例题精要：容积为 V 的真空罐出现微小漏气。设漏气前罐内压力 p 为零，而漏入空气的流率与（$p_0 - p$）成正比，比例常数为 α，p_0 为大气压力。由于漏气过程十分缓慢，可以认为罐内、外温度始终保持 T_0 不变，试推导罐内压力 p 的表达式。

解：这是一个缓慢的充气问题，周围空气漏入系统的微量空气 $\mathrm{d}m'$ 等于系统内空气的微增量 $\mathrm{d}m$。由题设条件已知，漏入空气的流率 $\dfrac{\mathrm{d}m'}{\mathrm{d}\tau} = \alpha$（$p_0 - p$），于是有

$$\frac{\mathrm{d}m}{\mathrm{d}\tau} = \frac{\mathrm{d}m'}{\mathrm{d}\tau} = \alpha(p_0 - p) \tag{3-1}$$

另一方面，罐内空气的压力变化（$\mathrm{d}p$）与空气量的变化（$\mathrm{d}m$）也有一定的关系。

从罐内的状态方程 $pV = mR_gT$ 出发，经微分得

$$V\mathrm{d}p + p\mathrm{d}V = R_g m\mathrm{d}T + R_g T\mathrm{d}m$$

所以，除以 $pV = mR_gT$ 后上式改写成

$$\frac{\mathrm{d}p}{p} + \frac{\mathrm{d}V}{V} = \frac{\mathrm{d}T}{T} + \frac{\mathrm{d}m}{m}$$

按题设计条件 $dV=0$，$dT=0$，于是有

$$\frac{dp}{p}=\frac{dm}{m}$$ (3-2)

式（3-2）说明罐内空气质量的相对变化与压力的相对变化成正比。

综合式（3-1）与（3-2），得

$$\frac{dp}{p}=\frac{\alpha(p_0-p)d\tau}{m}=\frac{\alpha(p_0-p)R_gT_0d\tau}{pV}$$

或

$$\frac{dp}{p_0-p}=\frac{d(p_0-p)}{p_0-p}=\frac{\alpha R_gT_0}{V}d\tau$$

由漏气前（$p=0$）积分到某一瞬间（罐内压力为 p），得

$$\ln\frac{p_0-p}{p_0}=-\frac{\alpha R_gT_0}{V}\tau$$

或

$$\frac{p}{p_0}=1-\exp\left(-\frac{\alpha R_gT_0}{V}\tau\right)$$

思考题

【思考题 3-1】怎样正确看待"理想气体"这个概念？在进行实际计算时如何决定是否可以采用理想气体的一些公式？

【思考题 3-2】气体的摩尔体积 V_m 是否因气体的种类而异？是否因所处状态的不同而异？任何气体在任意状态下摩尔体积是否都是 0.022414m³/mol？

【思考题 3-3】摩尔气体常数 R 值是否随气体种类的不同而不同，是否随气体状态的不同而变化？

【思考题 3-4】如果某种工质的状态方程式为 $pV=R_gT$，这种工质的比热容、热力学能、焓都仅仅是温度的函数吗？

【思考题 3-5】对于确定的一种理想气体，c_p-c_V 是否为定值？c_p/c_V 是否为定值？c_p-c_V、c_p/c_V 是否随温度变化？

【思考题 3-6】迈耶公式 $c_p-c_V=R_g$ 是否适用于动力工程中应用的高压水蒸气？是否适用于地球大气中的水蒸气？

【思考题 3-7】单位质量气体有两个独立的参数，u（或 h）可以表示为 p 和 v 的函数，即 $u=f(p,v)$，但又曾得出结论，理想气体的热力学能（或焓）只取决于温度，这两点是否矛盾？为什么？

【思考题 3-8】为什么工质的热力学能、焓和熵为零的基准可以任选，所有情况下工质的热力学能、焓和熵为零的基准都可以任选？理想气体的热力学能或焓的参照状态通常选定哪个或哪些状态参数值？对理想气体的熵又如何？

【思考题 3-9】气体热力性质中的 u 和 h 的基准是什么状态？

【思考题 3-10】在题 T-s 图上任意可逆过程 1-2 的热量如何表示？理想气体 1 和 2 状态间热力学能变化量、焓变化量能否在图上用面积表示？若 1-2 经过的是不可逆过程又如何？

【思考题 3-11】 理想气体熵变计算式等是由可逆过程导出的，这些计算式是否可以用于不可逆过程初态、终态的熵变？为什么？

【思考题 3-12】 熵的数学定义式为 $ds=dq/T$，又 $dq=cdT$，故 $ds=(cdT)/T$。因理想气体的比热容是温度的单值函数，所以理想气体的熵也是温度的单值函数，这一结论是否正确？若不正确，错在哪里？

【思考题 3-13】 试判断下列各说法是否正确：

（1）气体吸热后熵一定增大。

（2）气体吸热后温度一定升高。

（3）气体吸热后热力学能一定增加。

（4）气体膨胀时一定对外做功。

（5）气体压缩时一定耗功。

【思考题 3-14】 氮、氧、氨这样的工质是否和水一样也有饱和状态的概念，也存在临界状态？

【思考题 3-15】 水的三相点的状态参数是不是唯一确定的？三相点与临界点有什么差异？

【思考题 3-16】 水的汽化潜热是否是常数？有什么变化规律？

【思考题 3-17】 水在定压汽化过程中，温度保持不变，因此，根据 $q=\Delta u+w$，有人认为过程中的热量等于膨胀功，即 $q=w$，对不对？为什么？

【思考题 3-18】 有人根据热力学第一定律解析式 $\delta q=dh-v\,dp$ 和比热容的定义 $c=\dfrac{\delta q}{dT}$，认为 $\Delta h_p = c_p\Big|_{T_1}^{T_2}\Delta T$ 是普遍适用于一切工质的。进而推论得出水定压汽化时，温度不变，因此其焓变量 $\Delta h_p = c_p\Big|_{T_1}^{T_2}\Delta T=0$。这一推论错误在哪里？

 习　题

【题 3-1】 理想气体的热力学能和焓只与温度有关，与压力及比体积无关。但是根据给定的压力和比体积又可以确定热力学能和焓。其间有无矛盾？如何解释？

【题 3-2】 迈耶公式对变比热容理想气体是否适用？对实际气体是否适用？

【题 3-3】 在压容图中，不同定温线的相对位置如何？在温熵图中，不同定容线和不同定压线的相对位置如何？

【题 3-4】 在温熵图中，如何将理想气体在任意两状态间热力学能的变化和焓的变化表示出来？

【题 3-5】 定压过程和不做技术功的过程有什么区别和联系？

【题 3-6】 定熵过程和绝热过程有什么区别和联系？

【题 3-7】 $q=\Delta h, w_t=-\Delta h, w_t=\dfrac{\gamma_0}{\gamma_0-1}R_gT_1\left[1-\left(\dfrac{p_2}{p_1}\right)^{\frac{\gamma_0-1}{\gamma_0}}\right]$，这三个公式各适用于什么工质、

什么过程？

【题 3-8】根据题图 3-1 说明比体积和压力同时增大或同时减小的过程是否可能。如果可能，它们做功（包括膨胀功和技术功，不考虑摩擦）和吸热的情况如何？如果它们是多变过程，那么多变指数在什么范围内？在压容图和温熵图中位于什么区域？

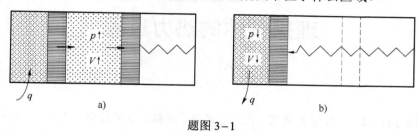

题图 3-1

【题 3-9】用气管向自行车轮胎打气时，气管发热，轮胎也发热，它们发热的原因各是什么？

第四章

理想气体的热力过程

🔖 **学习重点**：① 熟练掌握定容、定压、定温、绝热、多变过程中状态参数 p、v、T、Δu、Δh、Δs 的计算，过程量 q、w 的计算，以及上述过程在 $p-v$ 图、$T-s$ 图上的表示。

② 结合热力学第一定律，计算四个基本热力过程、多变过程中的状态参数和过程参数，并会将它们在 $p-v$ 图、$T-s$ 图上表示出来。

③ 本章的学习应以多做练习题为主，并注意求出结果后，一定要在 $p-v$ 图、$T-s$ 图上进行检验。

④ 研究外部条件对热能和机械能转换的影响，通过有利的外部条件，达到合理安排热力过程、提高热能和机械能转换效率的目的。

一、热力过程的方法概述

尽管工程上应用的各种热工设备的工作原理各不相同，但都是为了完成某种特定任务而进行的相应的热力过程。例如：用热力学观点来进行热力分析时，这些热工设备都是通过工质的吸热、膨胀、放热、压缩等一系列热力状态变化过程实现热能与机械能的相互转换，可以无一例外地被看作是一种具体的热力学模型。它们都包括系统、边界和外界三个基本组成部分；具备"系统状态变化""系统与外界的相互作用""两者之间的内在联系"这三个基本要素。**系统内工质状态的连续变化过程称为热力过程。**工质状态变化是与各种作用密切相联系的，这种联系就是热力学基本定律及工质基本属性的具体体现。而各种热工设备，则是实现这种联系的具体手段。实施热力过程的目的可归纳为两类：控制系统内部工质状态变化的规律，使之在外界产生预期的效果；为了使工质维持或达到某种预期的状态，应控制外部条件，使之对系统给以相应的作用量。第一种对应的设备有各种动力循环及制冷循环等；第二种对应的设备有锅炉、炉管、压气机、换热器等。实际上任何热力过程都包含工质的状态变化和外界作用量，这是同一事物的两个方面，仅是目的不同而已。

因此，**研究热力过程的目的就在于：运用热力学的基本定律及工质的基本属性，揭示热力过程中工质状态变化的规律与各种作用量之间的内在联系，并从能量的量和质两方面进行定性分析和定量分析。**在热工设备中不可避免地存在摩擦、温差传热等不可逆因素，若工质各个状态参数都在变化，则不易确定其变化规律。仔细观察发现，某些常见过程却又往往近似具有某一简单的特征。例如：汽油机气缸中工质的燃烧加热过程，由于燃烧速度很快，压力急剧上升而体积不变，接近定容；活塞式压气机中，若气缸套的冷却效果非常理想，则压缩过程中气体的温度几乎不升高，近似定温；燃气流过汽轮机或空气流经叶轮式压气机时，流速很大，气体向外界散失的热量相对极少，接近绝热。工程热力学将热力设备中的各种过程近似地概括为几种典型过程：**定容、定压、定温和绝热**。同时，为使问题简化，暂不考虑实际过程中不可逆的耗损而作为可逆过程。这四种典型的可逆过程称为基本热力过程，可用简单的热力学方法予以分析计算。随后，考虑到不可逆耗损，再借助一些经验系数进行修正。由此可对热设备或系统的性能、效率进行合理的评价，同时，计算结果与实际情况也相当接近。可以认为，工质基本热力过程的分析和计算是热力设备设计计算的基础和依据。值得注意的是，<u>工质热力状态变化的规律及能量转换状况与是否流动无关，对于确定的工质，它只取决于过程特征</u>。在热工设备中不可避免地存在摩擦、温差传热等不可逆因素，因此实际过程都是不可逆过程。**热力学的基本分析方法是，把实际过程近似地、合理地理想化为可逆的热力过程，即暂且不考虑次要因素，抓住问题的本质及主要因素来进行分析。**具体有如下几点：

① 根据过程的特点，利用状态方程式及热力学第一定律解析式，得出过程方程式 $p=f(v)$。

② 借助过程方程式并结合状态方程式，找出不同状态时状态参数间的关系，从而由已知初态确定终态参数，或者反之。

③ 在 p–v 图和 T–s 图中画出过程曲线，直观地表达过程中工质状态参数的变化规律及能量转换情况。

④ 确定工质初态、终态比热力学能、比焓、比熵的变化量。

理想气体的状态参数，如比热力学能、比焓、比熵的变化量 Δu、Δh、Δs，不论对哪种过程或过程是否可逆，都可按下列公式计算：

变比热容时：

$$\Delta u = c_v \big|_{t_1}^{t_2} (t_2 - t_1)$$

$$\Delta h = c_p \big|_{t_1}^{t_2} (t_2 - t_1)$$

$$\Delta s = s_2^0 - s_1^0 - R_g \ln \frac{p_2}{p_1} = c_p \big|_{t_1}^{t_2} \ln \frac{T_2}{T_1} - R_g \ln \frac{p_2}{p_1}$$

定值比热容时：

$$\Delta u = c_v (T_2 - T_1)$$

$$\Delta h = c_p (T_2 - T_1)$$

$$\Delta s = c_p \ln \frac{T_2}{T_1} - R_g \ln \frac{p_2}{p_1}$$

$$\Delta s = c_v \ln \frac{T_2}{T_1} + R_g \ln \frac{v_2}{v_1}$$

$$\Delta s = c_v \ln \frac{p_2}{p_1} + c_p \ln \frac{v_2}{v_1}$$

⑤ 确定 1kg 工质对外做出的功和过程热量。

各种可逆过程的膨胀功都可由 $w = \int_1^2 p dv$ 计算，式中 $p=f(v)$。过程热量 q 在求出 w 和 Δu

之后，可按 $q=w+\Delta u$ 计算，定容过程和定压过程的热量还可按比热容乘以温差计算。定温过程可由温度乘以比熵差计算。各种可逆过程的技术功均可按 $w_t=-\int v\,\mathrm{d}p$ 进行计算。因为本章限于研究理想气体的热力过程，所以要熟练地掌握并运用理想气体的各种基本属性，也要防止不加分析地把理想气体的有关结论应用到实际气体中去。另外，本章主要讨论的是理想气体的可逆过程，因此，要熟练地掌握并运用可逆过程的概念及性质，也要防止不加分析地把可逆过程的结论及公式应用到不可逆中去。

分析理想气体热力过程的一般步骤：

① 根据过程的特征，建立过程方程。

② 根据过程方程及理想气体状态方程，确定过程中基本状态参数间的关系。

③ 在 p–v 图和 T–s 图中画出过程曲线，并写出过程曲线的斜率表达式。

④ 对过程进行能量分析，包括 Δu、Δh、Δs 的计算以及功量及热量计算。

⑤ 对过程进行能质分析，对于可逆过程这一步骤可省去。

下面介绍四种基本的热力过程。

二、基本热力过程

根据状态公理，对于简单可压缩系统，如果有两个独立的状态参数保持不变，则系统的状态不会发生变化。一般来说，气体发生状态变化时，所有的状态参数都可能发生变化，但也可以允许一个（最多能一个）状态参数保持不变，而让其他状态参数发生变化。如果在状态变化过程中，分别保持系统的比热容、压力、温度或比熵为定值，则分别称为定容过程、定压过程、定温过程及定熵过程。这些有一个状态参数保持不变的过程统称为基本热力过程。

1. 定容过程

比体积保持不变的过程称为定容过程。

（1）定容过程方程

根据定容过程的特征，其过程方程为

$$v=定值$$

（2）定容过程的参数关系

根据定容过程的过程方程式 $v=$ 定值，以及理想气体状态方程，$pv=RT$，即可得出定容过程中的参数关系：

$$\frac{p_1}{T_1}=\frac{p}{T}=\frac{p_2}{T_2}=\frac{R}{v}=定值 \tag{4-1}$$

式（4-1）说明：在定容过程中气体的压力与温度成正比。例如，定容吸热时，气体的温度及压力均升高；定容放热时，两者均下降。

（3）定容过程的图示

定容过程在 p–v 图（图4-1）中斜率可表示为

$$\left(\frac{\partial p}{\partial v}\right)_v=\pm\infty \tag{4-2}$$

如图4-1所示，定容线在 p–v 图上是一条与横坐标 v 轴相垂直的直线，若以 1 表示初态，

则 12_v 表示定容放热，$12_{v'}$ 表示定容吸热。它们是两个过程。

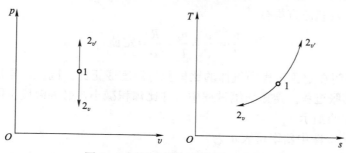

图 4-1　定容过程 p-v 图及 T-s 图

定容过程在 T-s 图上的斜率表达式，可以根据熵变公式及定容过程的特征导出：

$$\mathrm{d}s_v = c_v \frac{\mathrm{d}T}{T} \quad \left(\frac{\partial T}{\partial s}\right)_v = \left(\frac{\partial T}{c_v \frac{\mathrm{d}T}{T}}\right)_v = \frac{T}{c_v}$$

$$\left(\frac{\partial T}{\partial s}\right)_v = \frac{T}{c_v} \quad \Delta s_v = c_v \ln \frac{T_2}{T_1}$$

在 T-s 图上，定容线是一条指数曲线，其斜率随温度升高而增大，即曲线随温度升高而变陡，在右图中 12_v 表示定容放热；$12_{v'}$ 表示定容吸热，它们是与 p-v 图上同名过程相对应的两个过程，过程线下面面积代表所交换的热量。

（4）定容过程的能量分析

根据理想气体的性质，假定比热容为常数，有

$$\Delta u_{12} = c_v (T_2 - T_1)$$
$$\Delta h_{12} = c_p (T_2 - T_1)$$

$$\Delta s_{12} = c_v \ln \frac{T_2}{T_1}$$

又因为

$$\mathrm{d}v = 0$$

所以

$$w_v = \int_1^2 p\mathrm{d}v = 0$$

$$w_t = -\int v\mathrm{d}p = v(p_1 - p_2)$$

定容过程中，热量可利用比热容的概念，也可用热力学第一定律来计算，即

$$q_v = c_v (T_2 - T_1) = u_2 - u_1 \tag{4-3}$$

即**系统热力学能的变化等于系统与外界交换的热量，这是定容过程中能量转换的特点。**

2. 定压过程

压力保持不变的过程称为定压过程。

（1）定压过程方程

根据定压过程的特征，其过程方程为

$$p = 定值$$

（2）定压过程的参数关系

根据过程方程及状态方程得

$$\frac{v_1}{T_1} = \frac{v}{T} = \frac{v_2}{T_2} = \frac{R}{p} = 定值 \tag{4-4}$$

式（4-4）说明在定压过程中气体的比体积与温度成正比。因此，定压加热过程中气体温度升高，必为膨胀过程；定压压缩过程中气体比体积减小，必为温度下降的放热过程。

（3）定压过程的图示

定压过程在 $p-v$ 图中斜率可表示为

$$\left(\frac{\partial p}{\partial v}\right)_v = \pm\infty \tag{4-5}$$

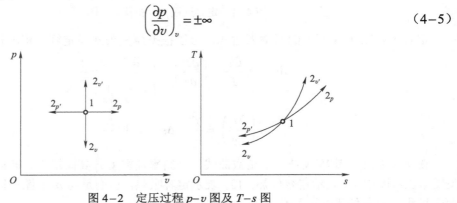

图 4-2　定压过程 $p-v$ 图及 $T-s$ 图

定压过程在 $T-s$ 图上的斜率表达式，可以根据熵变公式及定压过程的特征导出：

$$\left(\frac{\partial T}{\partial s}\right)_p = \frac{T}{c_p} \quad \Delta s_p = c_p \ln\frac{T_2}{T_1} \tag{4-6}$$

可见，在 $T-s$ 图上，定压线也是一条指数曲线。但因 $c_p > c_v$，所以**通过同一状态的定压线总比定容线平坦**。为比较方便，在图 4-2 中同时画出了通过同一初态的定压线及定容线。其中，12_p 表示定压吸热过程；12_p 表示定压放热过程，它们是与 $p-v$ 图上同名过程相对应的两个过程，过程线下面的面积代表所交换的热量。

（4）定压过程的能量分析

定压过程中，Δu_{12}、Δh_{12} 和 Δs_{12} 可表示为

$$\Delta u_{12} = c_v(T_2 - T_1)$$

$$\Delta h_{12} = c_p(T_2 - T_1)$$

$$\Delta s_{12} = c_p \ln\frac{T_2}{T_1}$$

定压过程吸收的热量及功可表示为

$$w_p = \int_1^2 p\mathrm{d}v = p(v_2 - v_1) = R_g(T_2 - T_1) \Rightarrow Rg = \frac{w_p}{T_2 - T_1}$$

$$w_t = -\int v\,\mathrm{d}p = 0$$

$$q_p = h_2 - h_1 = c_p(T_2 - T_1) \qquad (4-7)$$

因此，理想气体的气体常数 R_g 数值上等于 1kg 气体定压过程中温度升高 1K 时的膨胀功。

3. 定温过程

温度保持不变的状态变化过程称为定温过程。按分析热力过程的一般步骤，可以依次得出以下结论：

（1）定温过程方程

$$T = 定值$$

（2）定温过程的参数关系

$$p_1 v_1 = p v = p_2 v_2 = RT = 定值 \qquad (4-8)$$

另外，定温过程中压力与比容成反比。

（3）定温过程中的图示

对式（4-8）进行全微分可得出：

$$p\mathrm{d}v + v\mathrm{d}p = 0$$

因此定温过程在 $p-v$ 图（图 4-3）中斜率可表示为

$$\left(\frac{\partial p}{\partial v}\right)_T = -\frac{p}{v} \ 或 \ d\ln p = -d\ln v \qquad (4-9)$$

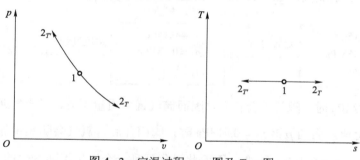

图 4-3　定温过程 $p-v$ 图及 $T-s$ 图

如图 4-3 所示，在 $p-v$ 图上定温过程是一条等边双曲线，过程线的斜率为负值，其中 12_T 是等温膨胀过程，$12_{T'}$ 是等温压缩过程。过程线下的面积代表容积变化功 w_v，过程线与纵坐标所围面积代表技术功 w_t，在定温过程中，两者是相等的。

定温过程在 $T-s$ 图上的斜率可表示为

$$\left(\frac{\partial T}{\partial s}\right)_T = 0$$

定温过程在 $T-s$ 图上是一条与纵坐标 T 轴相垂直的水平直线，其中 12_T 及 $12_{T'}$ 是与 $p-v$ 图上同名过程线相对应的两个过程：过程线 12_T 下面的面积为正，表示吸热；$12_{T'}$ 下面的面积为负，表示放热。

（4）定温过程的能量分析

理想气体热力学能及焓仅是温度的函数，在定温过程中，显然有 $\Delta u_{12}=0$，$\Delta h_{12}=0$。

定温过程的熵变可按下式计算：

$$\Delta s_{12}=R\ln\frac{v_2}{v_1}=-R\ln\frac{p_2}{p_1}$$

定温过程中功量及热量可表示为

$$w_v=\int_1^2 p\mathrm{d}v=-\int_1^2 v\mathrm{d}p=w_t$$

$$q_T=w_v=w_t=RT\ln\frac{v_2}{v_1}=-RT\ln\frac{p_2}{p_1} \tag{4-10}$$

式（4-10）表达了定温过程中能量转换的特征，即定温过程中热力学能及焓都不变，系统在定温中所交换的热量等于功量（$q_T=w_v=w_t$）。

【例 4-1】一容积为 0.15m^3 的储气罐，内装氧气，其初态压力为 $p_1=0.55\text{MPa}$，温度 $t_1=38℃$。若对氧气加热，其温度压力都升高。储气管上装有压力控制阀，当压力超过 0.7MPa 时，阀门便会自动打开，放走部分氧气，及储气罐中维持的最大压力为 0.7MPa。问当储气罐中氧气温度为 $285℃$ 时，对罐内氧气加入了多少热量？[设氧气的比热容为定值：$c_v=0.677\text{kJ/(kg·K)}$，$R_g=260\text{J/(kg·K)}$，$c_v=0.917\text{kJ/(kg·K)}$]

分析：这一题目包括了两个过程：一是初态氧气由 $p_1=0.55\text{MPa}$、$t_1=38℃$ 被定容加热到 $p_2=0.7\text{MPa}$；二是氧气由 $p_2=0.7\text{MPa}$ 被定压加热到 $p_3=0.7\text{MPa}$，$t_3=285℃$，过程如下。

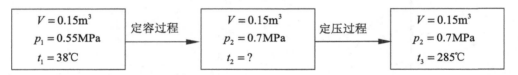

$p<p_2=0.7\text{MPa}$ 时，阀门不会打开，因而储气罐中质量不变，又储气罐总体积不变，则比体积 $v=\dfrac{V}{m}$ 为定值，而当 $p\geqslant p_2=0.7\text{MPa}$ 时，阀门开启，氧气会随热量加热不断跑出，以维持罐中最大压力 $p_2=0.7\text{MPa}$ 不变，因而此过程又是一个质量不断变化的定压过程。

解：（1）1—2 是定容过程

根据定容过程状态参数之间的变化规律，有

$$T_2=T_1\frac{p_2}{p_1}=(273+38)\times\frac{0.7}{0.1}=395.8\text{（K）}$$

该过程所吸收的热量为

$$q_{1-2}=q_v=m_1 c_v\Delta T=\frac{p_1 V_1}{R_g T_1}(T_2-T_1)c_v$$

$$=\frac{0.55\times10^6\times0.15}{260\times311}\times0.677\times(395.8-311)$$

$$=57.71\text{（kJ）}$$

（2）2—3 过程是变质量定压过程

该过程中质量随时在变，因此先列出其微元变化的吸热量为

$$\delta q_p = mc_p \mathrm{d}T = \frac{p_2 V_2}{R_g} c_p \frac{\mathrm{d}T}{T}$$

所以

$$q_{2-3} = q_p = \int_{T_2}^{T_3} \frac{p_2 V_2 c_p}{R_g} \frac{\mathrm{d}T}{T} = \frac{p_2 V_2 c_p}{R_g} \ln \frac{T_3}{T_2}$$

$$= \frac{0.7 \times 10^6 \times 0.15 \times 0.917}{260} \times \ln \frac{273 + 285}{395.8} = 127.19 \text{（kJ）}$$

因此，对罐内氧气共加入热量 $q = q_{1-2} + q_{2-3} = 57.71 + 127.19 = 184.9$（kJ）

讨论：

① 对于一个实际过程，关键是要分析清楚所进行的是什么过程。一旦了解了过程的性质，就可根据给定条件，依据状态参数之间的关系求得已知的状态参数，并进一步求得过程中能量的传递与转换量。

② 当题目中给出统一状态下的三个状态参数 p、v、T 时，实际上已隐含给出了此状态下工质的质量，所以求能量转换时，应求总质量对应的能量转换量，而不应求单位质量的能量转换量。

③ 对于本题目而言，2—3 过程是一个变质量、变温过程。对于这样的过程，可先按质量不变列出微元表达式，然后积分求得。

4. 绝热过程

绝热过程是状态变化的任何一微元过程中系统与外界都不交换热量的过程，即过程中每一时刻均有

$$\delta q = 0$$

当然，全部过程与外界交换的热量也为零，即

$$q = 0$$

已经证明，在闭口可逆条件下

$$\mathrm{d}s = \left(\frac{\delta q}{T} \right)_{\mathrm{re}}$$

显然，在闭口可逆绝热条件下有 $\mathrm{d}s=0$。根据闭口系统与开口系统之间的内在联系，可以得出这样的结论，即在开口系统稳定可逆绝热条件下有 $\mathrm{d}s=0$。总而言之，可逆绝热是保持比熵不变的充分条件。值得指出，**可逆绝热过程一定是定熵过程，但定熵过程不一定是可逆绝热过程**。不可逆的绝热过程不是定熵过程，**定熵过程与绝热过程是两个不同的概念**。

（1）绝热过程方程式

对于理想气体，可逆过程的热力学第一定律解析式的两种形式为

$$\delta q = c_v \mathrm{d}T + p \mathrm{d}v$$

$$\delta q = c_p \mathrm{d}T - v \mathrm{d}p$$

因为绝热 $\qquad\qquad\qquad\qquad\qquad\qquad \delta q = 0$

所以 $\qquad\qquad\qquad\qquad\qquad c_v \mathrm{d}T + p\mathrm{d}v = 0$, $c_p \mathrm{d}T - v\mathrm{d}p = 0$

两式移项后相除得：

$$\frac{\mathrm{d}p}{p} = -\frac{c_p}{c_v}\frac{\mathrm{d}v}{v}$$

式中，比热容比

$$\gamma = \frac{c_p}{c_v} = 1 + \frac{R_g}{c_v}$$

设比热容为定值，则 γ 也是定值，上式可直接积分：

$$\frac{\mathrm{d}p}{p} + \gamma \frac{\mathrm{d}v}{v} = 0$$

$$\ln p + \gamma \ln v = 定值$$

$$pv^\gamma = 定值$$

所以，定熵过程方程式是指数方程。定熵指数通常以 κ 表示。

对于理想气体，定熵指数等于比热容比 γ，即 $\kappa = \gamma$（数值可自行查找工程热力学相关手册），因此的定熵过程方程式为

$$pv^\kappa = 定值 \qquad\qquad\qquad\qquad (4-11a)$$

式（4-11a）在推导过程中曾设定为理想气体、可逆绝热及定值比热容。对于一般的绝热过程，它只是近似的，将式（4-11a）写成：

$$\frac{\mathrm{d}p}{p} + \kappa\frac{\mathrm{d}v}{v} = 0 \qquad\qquad\qquad\qquad (4-11b)$$

（2）绝热过程的参数关系

根据绝热过及理想气体的状态方程，不难得出定熵过程中参数的关系：

$$pv^\kappa = pv \cdot v^{\kappa-1} = RTv^{\kappa-1} = 定值 \qquad\qquad\qquad (4-12a)$$

用式（4-12a）除以气体常数，可得

$$Tv^{\kappa-1} = T_1 v_1^{\kappa-1} = T_2 v_2^{\kappa-1} = 常数 \qquad\qquad\qquad (4-12b)$$

由式（4-11a、b）及（4-12a、b）可得

$$\frac{v_1}{v_2} = \left(\frac{p_2}{p_1}\right)^{1/\kappa} = \left(\frac{T_2}{T_1}\right)^{1/{\kappa-1}} \qquad\qquad\qquad (4-12c)$$

式（4-12c）还可写成：

$$\frac{T_2}{T_1} = \left(\frac{p_2}{p_1}\right)^{\kappa-1/\kappa} \qquad\qquad\qquad\qquad (4-13)$$

当初、终态温度变化范围在室温到 600K 之间时，将比热容比或定熵指数作为定值应用上述各式误差不大。若温度变化幅度较大，为减少计算误差，建议用平均定熵指数 κ_{av} 来代替，这可有两种方法：

$$\kappa_{av} = \frac{c_p\big|_{t_1}^{t_2}}{c_v\big|_{t_1}^{t_2}}$$

式中，$c_p\big|_{t_1}^{t_2}$ 和 $c_v\big|_{t_1}^{t_2}$ 分别是温度由 T_1 到 T_2 的平均比定压热容和平均比定容热容，可自行查找相关手册得到，或通过下式计算：

$$\kappa_{av} = \frac{\kappa_1 + \kappa_2}{2} \qquad \kappa_1 = \frac{c_{p1}}{c_{v1}} \qquad \kappa_{21} = \frac{c_{p2}}{c_{v2}}$$

式中，c_{p1}、c_{v1}、c_{p2}、c_{v2} 分别为温度为 T_1、T_2 时气体的真实比热容，可自行查找相关手册得到。在某些情况下，T_2 未知，可借用试算法，即先假设 $T_{2'}$，得出 c_{p2}、c_{v2}，由此计算出 T_2。若 $T_{2'}$ 与 T_2 相差较大，则以 T_2 作为 $T_{2'}$ 重新试算，直至 T_2 与 $T_{2'}$ 接近或相等。

（3）绝热过程图示

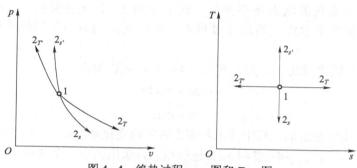

图 4-4　绝热过程 $p-v$ 图和 $T-s$ 图

在 $p-v$ 图（图 4-4）上定熵过程的斜率表达式可写成

$$\left(\frac{\partial p}{\partial v}\right) = -\kappa \frac{p}{v} \tag{4-14}$$

式（4-14）说明，**定熵线是一条高次双曲线**，图中同时画出了通过同一初态的定温线及定熵线，**因为 $\kappa > 1$，所以定熵线比定温线陡**，它们的斜率都是负的，12_s 表示可逆绝热膨胀过程，$12_{s'}$ 是定熵压缩过程，过程线下的面积表示容积变化功，过程线与纵坐标所围的面积表示技术功。$T-s$ 图上定熵是一条与横坐标 s 轴相垂直的直线，12_s 及 $12_{s'}$ 分别表示与 $p-v$ 图上同名过程线相对应的两个过程，过程线下面的面积均为零，表示没有热量交换。

（4）定熵过程的能量分析

定熵过程中的 Δu_{12}、Δh_{12} 及 Δs_{12} 可分别表示为：

$$\Delta u_{12} = c_v(T_2 - T_1)，\quad \Delta h_{12} = c_p(T_2 - T_1) \text{ 及 } \Delta s_{12} = 0$$

定熵过程是可逆绝热过程，显然有

$$\delta q = 0，\quad q = \int_1^2 T \mathrm{d}s = 0$$

闭口系统的容积变化功可根据热力学第一定律计算

$$w_v = -\Delta u_{12} = c_v(T_1 - T_2) = \frac{R_g}{\kappa - 1}(T_1 - T_2) = \frac{R_g T_1}{\kappa - 1}\left(1 - \frac{T_2}{T_1}\right) = \frac{p_1 v_1}{\kappa - 1}\left[1 - \left(\frac{p_2}{p_1}\right)^{\frac{\kappa-1}{\kappa}}\right] \tag{4-15}$$

式（4-15）说明，在定熵过程中，系统的热力学能变化完全是由功量交换所引起的，系统对外界做功时热力学能减小，外界对系统做功时，系统的热力学能增加，这是定熵过程中能量转换的特征。显然式（4-15）的容积变化功公式也可应用积分的方法求得。对于稳定无摩擦的开口系统，若忽略动能、位能的变化，则轴功 w_s 即等于技术功 w_t，因此轴功 w_t 可根据热力学第一定律算得

$$w_s = w_t = -h_{12} = c_p(T_1 - T_2) = \frac{\kappa}{\kappa-1} R(T_1 - T_2) = \frac{\kappa}{\kappa-1} RT_1\left(1 - \frac{T_2}{T_1}\right) = \frac{\kappa}{\kappa-1} p_1 v_1\left[1 - \left(\frac{p_2}{p_1}\right)^{\frac{\kappa-1}{\kappa}}\right]$$

(4-16)

在稳定工况下系统的状态是不变的，式中下角 1、2 分别表示进、出口质量流的状态。式（4-16）建立了稳定定熵流动过程中，系统交换功量与质量流焓值变化之间的转换关系。

由式（4-14）或比较式（4-15）和式（4-16），可以得出

$$-v\,\mathrm{d}p = \kappa p\,\mathrm{d}v \tag{4-17a}$$

$$w_t = \kappa w_v \tag{4-17b}$$

式（4-17a）说明在定熵过程中技术功等于容积功变化功的 κ 倍，有了这层关系，在用积分法计算功量时，只需按 $\int p\,\mathrm{d}v$ 或 $-\int v\,\mathrm{d}p$ 进行积分，求出其中一个功量后，另一个功量即可按式（4-17b）求得。

（5）变比热容定熵过程的图表计算法

以上所推导的包括定熵过程的过程方程 $pv^\kappa = $ 定值 及由此导出的状态参数间的关系式、过程功、技术功的部分计算式，用于定量计算时比较准确，尤其在燃气轮机、叶轮式压缩机等高效热机的设计计算中不能满足精度要求。下面介绍的图表法简单、准确，通常误差不超过 0.5%。这里以定熵过程中压力和温度的关系式为例，阐明制表标准。

设已知气体初态参数 p_1、T_1（或 v_1、T_1），经定熵过程变化到终态 p_2（或体积 v_2），计算的根本问题在于终态 T_2，由式（4-17a）可知：

$$\Delta s = \int_{T_1}^{T_2} c_p \frac{\mathrm{d}T}{T} - R_g\ln\frac{p_2}{p_1} = 0 \qquad R_g\ln\frac{p_2}{p_1} = \int_{T_1}^{T_2} c_p \frac{\mathrm{d}T}{T} \tag{4-17c}$$

因理想气体 $c_p = f(T)$，故比值 p_2/p_1 又仅是 T_1、T_2 的函数，若选定一参照温度 T_0，并注意到 $\int_{T_0}^{T} c_p\mathrm{d}T = s^0$，式（4-17c）可改写为

$$\ln\frac{p_2}{p_1} = \frac{1}{R_g}\left(\int_{T_0}^{T_2} c_p \frac{\mathrm{d}T}{T} - \int_{T_0}^{T_1} c_p \frac{\mathrm{d}T}{T}\right) = \frac{1}{R_g}(s_2^0 - s_1^0) \tag{4-17d}$$

式（4-17d）也可写成：

$$s_2^0 = s_1^0 + R_g\ln\frac{p_2}{p_1} \tag{4-17e}$$

由式（4-17e）算出 s_2^0 后，终温 T_2 可根据 s_2^0 值查气体热力学相关手册得到。

为使计算简化，定义一个新参数——相对压力 p_r，$\ln p_r = \dfrac{1}{R_g} \displaystyle\int_{T_0}^{T} c_p \dfrac{\mathrm{d}T}{T} = \dfrac{s^0}{R_g}$，对于确定的汽化，它只是温度的函数，显然

$$\ln \frac{p_{r2}}{p_{r1}} = \frac{1}{R_g}(s_2^0 - s_1^0) \tag{4-17f}$$

将（4-17e）、（4-17f）两式相比较，可得

$$\frac{p_2}{p_1} = \frac{p_{r2}}{p_{r1}} \tag{4-18}$$

（6）定熵过程的压力分析

定熵过程中气体的压力等于相对压力比，它实质上表征了定熵过程压力与温度的关系。用类同的方法，也可导得定熵过程中比体积和温度的关系：

$$\Delta s = \int_{T_1}^{T_2} c_v \frac{\mathrm{d}T}{T} + R_g \ln \frac{p_2}{p_1} = 0$$

或

$$R_g \ln \frac{v_2}{v_1} = -\left(\int_{T_0}^{T_2} c_v \frac{\mathrm{d}T}{T} - \int_{T_0}^{T_1} c_v \frac{\mathrm{d}T}{T} \right)$$

定义相对比体积 v_r，$\ln v_r = -\dfrac{1}{R_g} \displaystyle\int_{T_0}^{T} c_v \dfrac{\mathrm{d}T}{T}$，同理可得：

$$\frac{v_2}{v_1} = \frac{v_{r2}}{v_{r1}} \tag{4-19}$$

即定熵过程中气体的比体积比等于相对比体积比，v_r 也仅是温度的函数。

低压时空气的 h、p_r、v_r 及 s^0 随温度的变化，表中 h、s^0 是对 1kg 空气的数值；一些常用气体的 h_m 及 s_m^0 随温度的变化，是针对 1mol 气体而言的，参照温度为 $T_0 = 0K$，终态参数确定后，根据 T_1、T_2 由表中可查得 h_1、h_2，而 $h = u + pv$，这时气体在定熵过程中的过程功及技术功可按下两式得：

$$w = -\Delta u = u_1 - u_2$$
$$w_t = -\Delta h = h_1 - h_2$$

三、多变过程

四个基本热力过程在热力分析及计算中起着重要作用。基本热力过程的共同特征是，有一个状态参数在过程中保持不变。实际过程是多种多样的，在许多热力过程中，气体的所有状态参数都在发生改变，对于这些过程，是不能把它们简化成基本热力过程的。因此，要进一步研究一种理想的热力过程，其状态参数的变化规律，能高度概括地描述更多的实际过程，这种理想过程就是多变过程。

1. 多变过程的公式

$$pv^n = 定值 \tag{4-20a}$$

式中，n 为多变指数。

满足多变过程方程且多变指数保持常数的过程，统称为多变过程。

对于不同的多变过程，n 有不同的值，$n \in (-\infty, +\infty)$，因而相应的多变过程也有无限多种。

据式（4-20a）得

$$n\frac{\mathrm{d}v}{v} + \frac{\mathrm{d}p}{p} = 0 \qquad (4\text{-}20\text{b})$$

实际过程中气体状态参数的变化规律并不符合多变过程方程，即很难保持 n 为定值。但是，任何实际过程总能看作是由若干段过程所组成的，每一段中 n 接近某一常数，而各段中 n 值并不相同。这样，就可用多变过程的分析方法来研究各种实际过程。

值得指出，四个基本热力过程都是多变过程的特例，根据 $pv^n =$ 定值，不难看出：

当 $n=0$ 时，　　$pv^0 = p =$ 定值　　　　　　　　定压过程

当 $n=1$ 时，　　$pv^1 = pv =$ 定值　　　　　　　　定温过程

当 $n=\kappa$ 时，　　$pv^\kappa =$ 定值　　　　　　　　　定熵过程

当 $n=\infty$ 时，　　$pv^\infty =$ 定值，　$p^{\frac{1}{\infty}}v =$ 定值　　　定容过程

多变过程方程与定熵过程方程具有相同的形式，仅是指数不同而已，在分析多变过程时应充分利用这个特点，以便直接引用定熵过程中有关结论。

2. 多变过程的参数关系

根据过程方程 $pv^n =$ 定值 以及状态方程 $pv = RT$，可得

$$\frac{p_2}{p_1} = \left(\frac{v_1}{v_2}\right)^n \qquad (4\text{-}21\text{a})$$

$$\frac{T_2}{T_1} = \left(\frac{v_1}{v_2}\right)^{n-1} \qquad (4\text{-}21\text{b})$$

$$\frac{T_2}{T_1} = \left(\frac{p_2}{p_1}\right)^{\frac{(n-1)}{n}} \qquad (4\text{-}21\text{c})$$

因此多变过程与定熵过程参数关系的形式相同。

根据多变过程的参数关系，不难得出多变指数 n 的计算公式：

$$n = \frac{\ln(p_2/p_1)}{\ln(v_1/v_2)} \quad\quad n-1 = \frac{\ln(T_2/T_1)}{\ln(v_1/v_2)} \quad\quad \frac{n-1}{n} = \frac{\ln(T_2/T_1)}{\ln(p_2/p_1)}$$

3. 过程功、技术功和过程热量

因为多变过程中热量一般不为零，所以功 $w \neq \Delta u$，需按 $w = \int_1^2 p\mathrm{d}v$ 计算得来。

因为　　　　　　　　　　　　　　$pv^n =$ 定值

所以　　　　　　　　　　　$pv^n = p_1 v_1^n \Rightarrow p = p_1 v_1^n \times \frac{1}{v^n}$

代入　$w = \int_1^2 p\mathrm{d}v = \int_1^2 p_1 v_1^n \dfrac{\mathrm{d}v}{v^n} = \left(\dfrac{1}{n-1}\right)(p_1 v_1 - p_2 v_2)$

$$= \left(\dfrac{1}{n-1}\right) R_g\,(T_1 - T_2) = \left(\dfrac{1}{n-1}\right) R_g T_1 \left[1 - \left(\dfrac{p_2}{p_1}\right)^{\frac{n-1}{n}}\right] = \dfrac{\kappa-1}{n-1} c_v\,(T_1 - T_2) \qquad (4-22a)$$

$w_t = -\int_1^2 v\mathrm{d}p = (p_1 v_1 - p_2 v_2) + \int_1^2 p\mathrm{d}v = (p_1 v_1 - p_2 v_2) + \left(\dfrac{1}{n-1}\right)(p_1 v_1 - p_2 v_2)$

$$= \left(\dfrac{n}{n-1}\right) R_g\,(T_1 - T_2) = \left(\dfrac{n}{n-1}\right) R_g T_1 \left[1 - \left(\dfrac{p_2}{p_1}\right)^{\frac{n-1}{n}}\right] = \dfrac{n(\kappa-1)}{n-1} c_v\,(T_1 - T_2) \qquad (4-22b)$$

所以

$$w_t = n\,w$$

即多变过程的技术功是过程功的 n 倍。

理想气体定值比热容时多变过程的热力学能变化仍为 $\Delta u = c_v(T_2 - T_1)$，在求得 w 和 Δu 后，热量 q 由热力学第一定律得到：

$$q = \Delta u + w = c_v(T_2 - T_1) + \dfrac{\kappa-1}{n-1} c_v(T_2 - T_1) = \dfrac{n-\kappa}{n-1} c_v(T_2 - T_1) \qquad （4-23）$$

根据比热容的定义，热量为比热容乘以温差，$q = c_n(T_2 - T_1)$，与式（4-22a）比较得：

$$c_n = \dfrac{n-\kappa}{n-1} c_v \qquad （4-24）$$

对于某个具体的多变过程，定比热容时 c_n 有一确定的数值。

4. 多变过程的特征及在 $p-v$ 图、$T-s$ 图上（图4-5）的表示

在 $p-v$ 图、$T-s$ 图上，可逆多变过程是一条任意的双曲线，过程线的相对位置取决于 n 值，n 值不同的各多变过程表现出不同的过程特征。图中给了 $1 < n < \kappa$ 时，即介于定熵与定温过程之间的多变过程，热机中常遇到这类过程。图中 1-2 是多变过程膨胀吸热降温过程；1-2′ 为多变压缩放热升温过程。这一过程特性可在分析其能量转换规律时得到解释。将式（4-22a）及式（4-23）代入比值，得

$$\dfrac{w}{q} = \dfrac{\kappa-1}{\kappa-n} \qquad （4-25）$$

因为　$\kappa > 1$，所以　$\kappa - 1 > 0$，因而 $\dfrac{w}{q}$ 的比值取决于 n 是大于 κ 还是小于 κ。

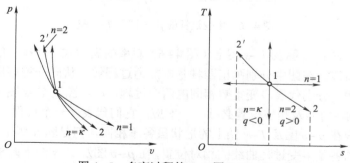

图4-5　多变过程的 $p-v$ 图及 $T-s$ 图

① $n<\kappa$ 的多变过程。$\dfrac{\kappa-1}{\kappa-n}>0$ $w/q>0$，即 w 与 q 同号，则：

膨胀过程（$w>0$），则外界对气体加热（$q>0$）；

压缩过程（$w<0$），则外界对气体放热（$q<0$）。

若 $1<n<\kappa$，则 $\dfrac{\kappa-1}{\kappa-n}>1$，$\dfrac{w}{q}>1$，即 w 与 q 同号的同时有 $|w|>|q|$，这时多变过程输出（或输入）的功大于过程的吸热量（或放热量）。根据能量守恒原理，气体势力的热力学能 U 减小（或增加），但温度降低（或升高）。

② $n>\kappa$ 的多变过程。这时 $\dfrac{\kappa-1}{\kappa-n}<0$，$\dfrac{w}{q}<0$，即 w 与 q 异号，则：

膨胀过程（$w>0$），则外界对气体放热（$q<0$）；

压缩过程（$w<0$），则外界对气体加热（$q>0$）。

在高温时气体的定熵指数 κ 并非定值。通常，温度越高，κ 值越小，如柴油机的膨胀过程，开始时温度达 1800℃ 左右，膨胀终了有 600℃ 左右。在此范围内气体的平均定熵指数 $\kappa_{av}=1.32\sim1.33$，而该平均多变指数为 $n_2=1.22\sim1.28$，$n_2<\kappa_{av}$，因此 $q>0$，必吸热。在压缩过程，空气通常不超过 300~400℃，这时 $\kappa=1.4$，而平均压缩多变指数约为 $n_1=1.22\sim1.28$，$n_1<\kappa$，因为 $w<0$，所以 $q<0$，必放热，表明该过程以空气向冷却水放热为主。

5. 过程综合分析

以上已详述了四个基本热力过程可看作为多变过程的特例，接下来讲述过程线分布规律及判定。

（1）过程线分布规律

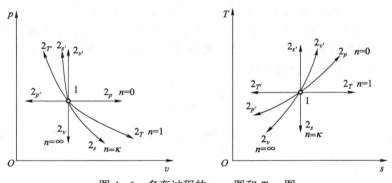

图 4-6 多变过程的 $p-v$ 图和 $T-s$ 图

根据多变过程在 $p-v$ 图及 $T-s$ 图上（图 4-6）斜率的表达式，可按 n 的数值在图上画出相应的多变过程曲线。在图中分别画出四种基本热力过程线，从同一初态出发，向两个不同方向的同名过程线，分别代表多变指数相同的两个过程，$p-v$ 图及 $T-s$ 图上的同一个同名过程线，它们的方向、符号及相应位置必须一一对应，它们代表同一个过程。从图中可以看出，同名多变过程曲线在 $p-v$ 图及 $T-s$ 图上的形状虽各不相同，但是随 n 变化而变的分布规律，即通过同一初态的各条多变过程曲线的相对位置，在 $p-v$ 图及 $T-s$ 图上是相同的。不难发现，从任何一条过程线（例如定压过程 $n=0$，$c_n=c_p$）出发，多变指数 n 的数值沿顺时针方向递增，在定容线上 n 为 $\pm\infty$，从定容线按顺时针方向变化到定压线的区间内，n 为负值，多变比热容的数值也沿顺时针方向递增，在定温线上 $c_n=\pm\infty$，从定温线上按顺时针方向变化到定熵线的区间内，c_n 为负值。

根据多变过程线的上述分布规律，借助于四种基本热力过程线的相对位置，可以在 $p-v$ 图及 $T-s$ 图上，确定 n 为任意值时多变过程线的大致方位。如果再给出一个特征，例如吸热或放热、膨胀或压缩、升温或降温等，就可以进一步确定该多变过程的方向，正确画出多变过程在图上的相对位置，是对过程进行热力分析的基础和先决条件。

（2）坐标图上过程特性的判定

如图 4-6 所示，**从同一初态出发的四种基本热力过程线，把 $p-v$ 图及 $T-s$ 图分成八个区域，任何多变过程的终态，必定落在这四条基本热力线上或这八个区域内，落在同一条线上或同一区域内就有相同的性质**；反之，落在不同线上或不同区域内就有不同性质。

设多变过程都是可逆过程，因此有

$$\delta w = p\,\mathrm{d}v \qquad w = \int_1^2 p\,\mathrm{d}v$$

$$\delta w_t = -v\,\mathrm{d}p \qquad w_t = \int_1^2 -v\,\mathrm{d}p$$

$$\delta q = T\,\mathrm{d}s \qquad q_n = \int_1^2 T\,\mathrm{d}s = c_n(T_2 - T_1)$$

对于理想气体，有

$$\mathrm{d}u = c_v\mathrm{d}T \qquad u = c_v(T_2 - T_1)$$

$$\mathrm{d}h = c_p\mathrm{d}T \qquad h = c_p(T_2 - T_1)$$

从这些基本公式可看出：

定温过程：$\qquad\qquad\qquad \mathrm{d}T=0,\ \mathrm{d}u=0,\ \mathrm{d}h=0$

定熵过程：$\qquad\qquad\qquad \mathrm{d}s=0,\quad \delta q=0$

定容过程：$\qquad\qquad\qquad \mathrm{d}v=0,\quad \delta w=0$

定压过程：$\qquad\qquad\qquad \mathrm{d}p=0,\quad \delta w_t=0$

上述四种基本热力过程，可以作为判定任意多变过程的依据。如果被研究的过程线在 $p-v$ 图及 $T-s$ 图上的位置确定后，可以依据下面的送气对该过程进行定性分析。

① 过程线的位置在通过初态的定温线上方时，有 $\Delta u>0$、$\Delta h>0$；若在下方，则有 $\Delta u<0$、$\Delta h<0$。

② 过程线的位置在通过初态的定熵线右方时，有 $\mathrm{d}s>0$、$\delta q>0$；若在左方，则有 $\mathrm{d}s<0$、$\delta q<0$。

③ 过程线的位置在通过初态的定容线右方时，有 $\mathrm{d}v>0$，$\delta w>0$；若在左方，则有 $\mathrm{d}v<0$、$\delta w<0$。

④ 过程线的位置在通过初态的定压线上方时，有 $\mathrm{d}p>0$、$\delta w_t>0$；若在下方，则有 $\mathrm{d}p<0$、$\delta w_t<0$。

不难发现，判据①、②在 $T-s$ 图上显而易见，而在 $p-v$ 图上则不易识别；判据③、④在

$p-v$ 图上易见，而在 $T-s$ 图上不易识别。

值得指出，上述判据是根据多变过程线在坐标图的分布规律总结出来的，对于 $p-v$ 图及 $T-s$ 图以及其他状态参数坐标图都是普遍适用的。因此，通过 $T-s$ 图来记着判据①、②，通过 $p-v$ 图来理解判据③、④，就可对任何状态坐标上的过程线进行定性分析。

【例 4-2】 1kg 空气多变过程中吸取 41.87kJ 的热量时，将使其容积增大 10 倍，压力降低 8 倍，求：过程中空气的内能变化量，空气对外所做的膨胀功及技术功。

解： 按题意，可知 $q_n = 41.87\text{kJ/kg}$，$v_2 = 10v_1$，$p_2 = \dfrac{1}{5}p_1$。

空气的内能变化量：由理想气体的状态方程有 $p_1 V_1 = RT_1$，$p_2 V_2 = RT_2$，得 $T_2 = \dfrac{10}{8}T_1$

多变指数：
$$n = \frac{\ln(p_1 / p_2)}{\ln(v_2 / v_1)} = \frac{\ln 8}{\ln 10} = 0.903$$

多变过程中气体吸取的热量：$q_n = c_n(T_2 - T_1) = c_v \dfrac{n-\kappa}{n-1}(T_2 - T_1) = \dfrac{1}{4} c_v \dfrac{n-\kappa}{n-1} T_1$，其中 $T_1 = 57.1K$。

气体内能的变化量：$\Delta U_{12} = mc_v(T_2 - T_1) = 8.16\text{kJ/kg}$

空气对外所做的膨胀功及技术功：膨胀功由闭口系能量方程 $w_{12} = q_n - \Delta u_{12} = 33.71\text{kJ/kg}$ 或

由公式 $w_{12} = \dfrac{1}{n-1} RT_1 \left[1 - \left(\dfrac{p_2}{p_1} \right)^{\frac{n-1}{n}} \right]$ 来计算。

技术功：$w_{12} = \dfrac{n}{n-1} RT_1 \left[1 - \left(\dfrac{p_2}{p_1} \right)^{\frac{n-1}{n}} \right] = nw_{12} = 30.49\text{kJ/kg}$。

【例 4-3】 一气缸活塞装置如图 4-7 所示，气缸及活塞均由理想绝热材料组成，活塞与气缸间无摩擦。开始时活塞将气缸分为 A、B 两个相等的两部分，两部分中各有 1kmol 的同一种理想气，其压力均为 $p_1 = 1\text{bar}$，温度均为 $T_1 = 5℃$。若对 A 中的气体缓慢加热（电热），使气体缓慢膨胀，推动活塞压缩 B 中的气体，直至 A 中气体温度升高至 127℃。试求过程中 B 气体吸取的热量。设气体 $c_{v0} = 12.56 \text{kJ/(kmol·K)}$，$c_{p0} = 12.56\text{kJ/(kmol·K)}$。气缸与活塞的热容量可以忽略不计。

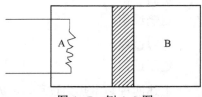

图 4-7　例 4-3 图

解： 取整个气缸内气体为闭系，按闭口系能量方程有
$$\Delta U = Q - W$$
因为没有系统之外的力使其移动，所以 $W = 0$，则
$$Q = \Delta U = \Delta U_A + \Delta U_B = n_A c_{v0} \Delta T_A + n_B c_{v0} \Delta T_B$$
其中
$$n_A = n_B = 1\,\text{kmol}$$
故
$$Q = c_{v0}(\Delta T_A + \Delta T_B) \tag{1}$$

在该方程 ΔT_A 中是已知的，即 $\Delta T_A = T_{A2} - T_{A1} = T_{A2} - T_1$，只有 ΔT_B 是未知量。

当向 A 中气体加热时，A 中气体的温度和压力将升高，并发生膨胀推动活塞右移，使 B 的气体受到压缩。因为气缸和活塞都是不导热的，而且其热容量可以忽略不计，所以 B 中气体进行的是绝热过程。又因为活塞与气缸壁间无摩擦，而且过程是缓慢进行的，所以 B 中气体进行是可逆绝热压缩过程。

根据理想气体可逆绝热过程参数间关系：

$$\frac{T_{B2}}{T_1} = \left(\frac{p_2}{p_1}\right)^{\frac{\kappa-1}{\kappa}} \tag{2}$$

由理想气体状态方程，得

初态时
$$V_1 = \frac{(n_A + n_B)R_M T_1}{p_1}$$

终态时
$$V_2 = \frac{(n_A R_M T_{A2} + n_B R_M T_{B2})}{p_2}$$

其中 V_1 和 V_2 是过程初、终态气体的总容积，即气缸的容积，其值在过程前后不变，即 $V_1 = V_2$，故有

$$\frac{(n_A + n_B)R_M T_3}{p_3} = \frac{(n_A R_M T_{A2} + n_B R_M T_{B2})}{p_2}$$

因为
$$n_A = n_B = 1\,\text{kmol}$$

所以
$$2\left(\frac{p_2}{p_1}\right) = \frac{T_{A2}}{T_1} + \frac{T_{B2}}{T_1} \tag{3}$$

合并式（2）与式（3），得

$$2\left(\frac{p_2}{p_1}\right) = \frac{T_{A2}}{T_1} + \left(\frac{p_2}{p_1}\right)^{\frac{\kappa-1}{\kappa}}$$

比值 $\dfrac{p_2}{p_1}$ 可用试算法求用得。

按题意已知：　　$T_{A2} = 273 + 172 = 445$（K），$T_1 = 273 + 5 = 278$（K）

$$\frac{\kappa-1}{\kappa} = 1 - \frac{1}{\kappa} = 1 - \frac{c_{v_0}}{c_{p0}} = 1 - \frac{12.56}{20.88} = 0.40$$

故
$$2\left(\frac{p_2}{p_1}\right) = \frac{445}{278} + \left(\frac{p_2}{p_1}\right)^{0.4}$$

计算得：
$$\frac{p_2}{p_1} = 1.367$$

代入式（2）得

$$T_{B2} = T_1\left(\frac{p_2}{p_1}\right)^{\frac{\kappa-1}{\kappa}} = 278 \times (1.367)^{0.4} = 315\,(\text{K})$$

代入式（1）得 $Q=12.56[(445-278)+(315-278)]=2562$（kJ）

【例 4-4】 2kg 的气体从初态按多变过程膨胀到原来的 3 倍，温度从 300℃下降至 60℃，已知该过程膨胀功为 100kJ 自外界吸热 20kJ，求气体的 c_p 和 c_v 各是多少？

解： 由题已知：$V_1=3V_2$

由多变过程状态方程式，有

$$\frac{T_2}{T_1}=\left(\frac{V_1}{V_2}\right)^{n-1}$$

即

$$n-1=\frac{\ln\frac{T_2}{T_1}}{\ln\frac{V_2}{V_1}}, \quad n=\frac{\ln\frac{T_2}{T_1}}{\ln\frac{V_2}{V_1}}+1=\frac{\ln\left(\dfrac{60+273}{300+273}\right)}{\ln\dfrac{1}{3}}+1=1.494$$

由多变过程计算功公式：

$$W=m\frac{1}{n-1}R(T_1-T_2)=100\,（kJ）$$

故

$$R=\frac{W(n-1)}{m(T_1-T_2)}=\frac{100(1.494-1)}{2(573-333)}=0.1029\;[kJ/（kg\cdot K）]$$

式中，$c_v=c_p-R=kc_v-R$，可得

$$c_v=\frac{R}{\kappa-1}$$

将其代入热量公式，有

$$Q=m\frac{n-\kappa}{n-1}\frac{R}{\kappa-1}(T_2-T_1)=2\times\frac{1.494-\kappa}{1.494-1}\times\frac{0.1029}{\kappa-1}(333-573)=20\,（kJ）$$

得 $\kappa=1.6175$

所以

$$c_v=\frac{R}{\kappa-1}=\frac{0.1029}{1.6175-1}=0.1666[kJ/（kg\cdot K）]$$

$$c_p=c_v k=0.1666\times1.6175=0.2695\;[kJ/（kg\cdot K）]$$

本题还有其他解法，请同学们思考。

【例 4-5】 1kg 空气分两种情况进行热力过程，做膨胀功 300kJ：一种情况下吸热 380kJ；另一情况下吸热 210kJ。问两种情况下空气的内能各变化多少？若两个过程都是多变过程，求多变指数，并将两个过程画在同一张 $p-v$ 图上。按定比热容进行计算。

解：（1）求两个过程的内能变化。

两过程内能变化分别为

$$\Delta u_1=q_1-w_1=380-300=80\,（kJ/kg）$$

$$\Delta u_2=q_2-w_2=210-300=-90\,（kJ/kg）$$

（2）求多变指数。

$$\Delta T_1=\frac{\Delta u_1}{c_v}=\frac{80}{0.717}=111.6\,（K）$$

$$\Delta T_2 = \frac{\Delta u_2}{c_v} = \frac{-90}{0.717} = -125\,(\text{K})$$

因为

$$w = \frac{1}{1-n}R\Delta T$$

所以，两过程的多变指数分别为

$$n_1 = 1 - \frac{R(\Delta T)_1}{w_1} = 1 - \frac{0.287 \times 111.6}{300} = 0.89$$

$$n_2 = 1 - \frac{R(\Delta T)_2}{w_2} = 1 - \frac{0.287 \times (-125)}{300} = 1.12$$

> **简短讨论：**
>
> （1）仅给出过程量 q 和 w 时，还不能说明该过程必是一个多变过程。所以，题目中又给出"两个过程都是多变过程"的假设。
>
> （2）求解时根据 w 和 ΔT 求出 n，求出 c_p，再求得 n。
>
> （3）求得 n 即可画出图 4.5，根据图 4.5 上过程的走向和过程线下面积的正负，可了解过程进行中参数的变化情况和功量、热量的正负。对照题给条件可定性判断求解结果正确性。

【例 4-6】空气在压气机中由 $p_1 = 0.6\text{MPa}$、$T_1 = 900\text{K}$，绝热膨胀到 $p_2 = 0.1\text{MPa}$。工质的质量流量 $q_m = 5\text{kg/s}$，设比热容比为定值，$\kappa = 1.4$，试求：

（1）膨胀终了时，空气的温度用压气机的功率。

（2）过程中热力学能及焓的变化量。

（3）将单位质量的压气机输出功表示在 p-v 图及 T-s 图上。

（4）若压气机效率 $\eta_t = 0.90$，则终态温度和压气机功率为多少？

解：（1）空气在压气机中经可逆绝热过程，即定熵过程，所求的功是轴功，在动能差、位能差忽略不计时，即为技术功：

$$T_2 = T_1\left(\frac{p_2}{p_1}\right)^{\frac{\kappa-1}{\kappa}} = 900 \times \left(\frac{0.1}{0.6}\right)^{\frac{1.4-1}{1.4}} = 539.1\,(\text{K})$$

$$w_t = \frac{\kappa}{\kappa-1}R_g T_1\left[1 - \left(\frac{p_2}{p_1}\right)^{\frac{\kappa-1}{\kappa}}\right] = \frac{1.4}{1.4-1} \times 287 \times 900 \times \left[1 - \left(\frac{0.1}{0.6}\right)^{\frac{1.4-1}{1.4}}\right] = 362.5\,(\text{kJ/kg})$$

则压气机输出功率为

$$P = q_m w_t = 5 \times 362.5 = 1812.5\,(\text{kW})$$

（2）

$$\Delta U = q_m c_v (T_2 - T_1) = 5 \times \frac{5}{2} \times 287 \times (539.1 - 900) = -1294.7\,(\text{kW})$$

$$\Delta H = q_m c_p (T_2 - T_1) = \kappa \Delta U = -1812.5\,(\text{kW})$$

（3）比较技术功在 p-v 图上是曲线与纵坐标所围的面积（图 4-8），在 T-s 图上表示热量较容易，如果能将 w_t 等效成某过程的热量，则表示就没有困难了，因理想气体的焓只是温

度的函数，设 $T_1 = T_1'$，则有

$$h_1 = h_1' \quad (q = \Delta h + w_t)$$

所以

$$w_t = -\Delta h = h_1 - h_2 = h_1' - h_2 = c_p(T_1' - T_2) = q_{p1'2}$$

即 w_t 为 $1'$—2 定压过程的热量，在 T—s 图中为 $1'$—2—a—b—$1'$ 所围的面积。

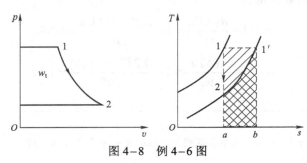

图 4-8　例 4-6 图

（4）$\eta_t = 0.90$，说明此过程为不可逆绝热过程。

压气机实际输出功率：

$$P' = P\eta_t = 1812.5 \times 0.9 = 1631.3 \text{（kW）}$$

由热力学第一定律：

$$\Delta H + P' = 0$$

即

$$q_m c_p (T_2' - T_1) + P' = 0$$

可得

$$T_2' = -\frac{P'}{q_m c_p} + T_1 = -\frac{P'}{q_m \frac{7}{2} R_g} + T_1 = -\frac{1631.3 \times 10^3}{5 \times \frac{7}{2} \times 287} + 900 = 572.2 \text{（K）}$$

【例 4-7】2kg 空气分别经过定温膨胀和绝热膨胀的可逆过程，如图 4-9 所示，从初态 $p_1 = 9.807$bar、$t_1 = 300℃$ 膨胀到终态容积为初态容积的 5 倍。试计算不同过程中空气的终态参数，对外所做的功和交换的热量以及过程中内能、焓、熵的变化量。

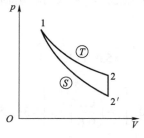 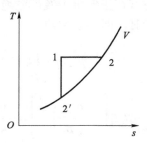

图 4-9　例 4-7 图

解：将空气取作闭口系统。

对可逆定温过程 1-2，由过程中的参数关系，得

$$p_2 = p_1 \frac{V_1}{V_2} = 9.807 \times \frac{1}{5} = 1.961 \text{（bar）}$$

按理想气体状态方程，得

$$V_1 = \frac{RT_1}{p_1} = 0.1677 \text{（m}^3\text{/kg）}, \quad V_2 = 5V_1 = 0.8385 \text{ m}^3\text{/kg}$$

$$T_2 = T_1 = 573\text{K}$$

$$t_2 = 300℃$$

气体对外做的膨胀功及交换的热量为

$$W_T = Q_T = p_1 V_1 \ln \frac{V_2}{V_1} = 529.4 \text{（kJ）}$$

过程中内能、焓、熵的变化量为

$$\Delta U_{12} = 0$$

$$\Delta H_{12} = 0$$

$$\Delta S_{12} = \frac{Q_T}{T_1} = 0.9239 \text{（kJ/K）}$$

或

$$\Delta S_{12} = mR\ln \frac{V_2}{V_1} = 0.9238 \text{（kJ/K）}$$

对可逆绝热过程 1-2′，由可逆绝热过程参数间关系可得

$$p_2' = p_1 \left(\frac{V_1}{V_2}\right)^\kappa, \quad \text{其中} V_{2'} = V_2 = 0.8385 \text{ m}^3\text{/kg}$$

故

$$p_{2'} = 9.807\left(\frac{1}{5}\right)^{1.4} = 1.03 \text{（bar）}$$

$$T_{2'} = \frac{p_{2'} V_{2'}}{R} = 301 \text{（K）}$$

$$t_{2'} = 28 \text{（℃）}$$

气体对外所做的功及交换的热量为

$$W_s = \frac{1}{\kappa - 1}(p_1 V_1 - p_2 V_2) = \frac{1}{\kappa - 1} mR(T_1 - T_{2'}) = 390.3 \text{（kJ）}$$

$$Q_{s'} = 0$$

过程中内能、焓、熵的变化量为

$$\Delta U_{12'} = mc_v(T_{2'} - T_1) = -390.1 \text{（kJ）}$$

或

$$\Delta U_{12'} = -W_2 = -390.3 \text{（kJ）}$$

$$\Delta H_{12'} = mc_p(T_{2'} - T_1) = -546.2 \text{（kJ）}$$

$$\Delta S_{12'} = 0$$

【例 4-8】1kg 空气多变过程中吸取 41.87kJ 的热量时，将使其容积增大 10 倍，压力降低 8 倍，求：过程中空气的内能变化量，空气对外所做的膨胀功及技术功。

解： 按题意有 $\quad q_n = 41.87\text{kJ/kg} \quad\quad v_2 = 10v_1 \quad\quad p_2 = \frac{1}{5}p_1$

空气的内能变化量：由理想气体的状态方程得 $p_1 V_1 = RT_1$，$p_2 V_2 = RT_2$，得

$$T_2 = \frac{10}{8} T_1$$

多变指数：$n = \dfrac{\ln(p_1 / p_2)}{\ln(v_2 / v_1)} = \dfrac{\ln 8}{\ln 10} = 0.903$

多变过程中气体吸取的热量：$q_n = c_n(T_2 - T_1) = c_v \dfrac{n - \kappa}{n - 1}(T_2 - T_1) = \dfrac{1}{4} c_v \dfrac{n - \kappa}{n - 1} T_1$，其中 $T_1 = 57.1K$。

气体内能的变化量：$\Delta u_{12} = mc_v(T_2 - T_1) = 8.16\,(\text{kJ/kg})$

空气对外所做的膨胀功及技术功：（膨胀功由闭口系统能量方程求）$w_{12} = q_n - \Delta u_{12} = 33.71\,(\text{kJ/kg})$，或由公式 $w_{12} = \dfrac{1}{n - 1} RT_1 \left[1 - \left(\dfrac{p_2}{p_1} \right)^{\frac{n-1}{n}} \right]$ 来计算。

技术功：$\quad w'_{12} = \dfrac{n}{n - 1} RT_1 \left[1 - \left(\dfrac{p_2}{p_1} \right)^{\frac{n-1}{n}} \right] = nw_{12} = 30.49\,(\text{kJ/kg})$

【例 4-9】2kg 的气体从初态按多变过程膨胀到原来的 3 倍，温度从 300℃ 下降至 60℃，已知该过程膨胀功为 100kJ，自外界吸热 20kJ，求气体的 c_p 和 c_v 各是多少？

现列出两种解法：

解 1： 由题已知：$V_1 = 3V_2$

由多变过程状态方程式 $\dfrac{T_2}{T_1} = \left(\dfrac{V_1}{V_2} \right)^{n-1}$，可知

$$n - 1 = \frac{\ln \dfrac{T_2}{T_1}}{\ln \dfrac{V_2}{V_1}}$$

$$n = \frac{\ln \dfrac{T_2}{T_1}}{\ln \dfrac{V_2}{V_1}} + 1 = \frac{\ln \left(\dfrac{60 + 273}{300 + 273} \right)}{\ln \dfrac{1}{3}} + 1 = 1.494$$

由多变过程计算功公式可知

$$W = m \frac{1}{n - 1} R(T_1 - T_2) = 100\,(\text{kJ})$$

故 $\quad R = \dfrac{W(n - 1)}{m(T_1 - T_2)} = \dfrac{100(1.494 - 1)}{2(573 - 333)} = 0.1029 \text{kJ/}（\text{kg·K}）$

式中，$c_v = c_p - R = \kappa c_v - R$

得 $\quad c_v = \dfrac{R}{\kappa - 1}$，代入热量公式为

$$Q = m\frac{n-\kappa}{n-1}\frac{R}{\kappa-1}(T_2-T_1) = 2\times\frac{1.494-\kappa}{1.494-1}\times\frac{0.1029}{\kappa-1}(333-573) = 20\,(\text{kJ})$$

得
$$\kappa = 1.6175$$

所以
$$c_v = \frac{R}{k-1} = \frac{0.1029}{1.6175-1} = 0.1666\,[\text{kJ/(kg·K)}]$$

$$c_p = c_v\kappa = 0.1666\times1.6175 = 0.2695\,[\text{kJ/(kg·K)}]$$

解 2：用解 1 中同样的方法求 $n = 1.494$，则有

$$R = 0.1029\,[\text{kJ/(kg·K)}]$$

$$\Delta U = mc_v(T_2-T_1)$$

由

得
$$Q - W = mc_v(T_2-T_1)$$

$$c_v = \frac{Q-W}{m(T_2-T_1)} = \frac{20-100}{2(333-573)} = 0.167\,[\text{kJ/(kg·K)}]$$

$$c_p = c_v + R = 0.167 + 0.1029 = 0.2695\,[\text{kJ/(kg·K)}]$$

四、压气机的理论压缩功

压气机是用来压缩气体的设备。本节将讨论压气机理论压缩功的计算方法。

1. 单级活塞式压气机工作过程

单级活塞式压气机的吸气过程、压缩过程、排气过程，可理想化为可逆过程、无阻力损失。

（1）定温压缩轴功的计算

$$w_{st} = w_t = -\int_1^2 v\mathrm{d}p = -p_1v_1\ln\frac{p_2}{p_1}$$

根据稳态稳流能量方程，压气机所消耗的功一部分用于增加气体的焓，另一部分转化为热能向外放出。

对理想气体定温压缩，表示消耗的轴功全部转化成热能向外放出。

$$w_{st} = q_T$$

（2）定熵压缩轴功的计算

$$w_t = -\int_1^2 v\mathrm{d}p = \frac{\kappa R T_1}{\kappa-1}\left[1-\left(\frac{p_2}{p_1}\right)^{\frac{\kappa-1}{\kappa}}\right] = kw_s$$

按稳态稳流能量方程，绝热压缩消耗的轴功全部用于增加气体的焓，使气体温度升高，该式也适用于不可逆过程。

（3）多变压缩轴功的计算

$$w_t = -\int_1^2 v\mathrm{d}p = \frac{nRT_1}{n-1}\left[1-\left(\frac{p_2}{p_1}\right)^{\frac{n-1}{n}}\right] = nw_s$$

按稳态稳流能量方程，多变压缩消耗的轴功部分用于增加气体的焓，部分对外放热，该式同样适用于不可逆过程。

结论：$|-w_{st}| < |-w_{sn}| < |-w_{ss}|$，$T_{2s} > T_{sn} > T_{2T}$，可见定温过程耗功最少，绝热过程耗功最多。

2. 多级压缩及中间冷却

由 $\dfrac{T_2}{T_1} = \left(\dfrac{p_2}{p_1}\right)^{\frac{\kappa-1}{\kappa}}$ 可知，压力比越大，其压缩终了温度越高，较高压缩气体常采用中间冷却设备，称多级压气机。

最佳增压比：使多级压缩中间冷却压气机耗功最小时，各级的增压比称为最佳增压比。

压气机的效率：在相同的初态及增压比条件下，可逆压缩过程中压气机所消耗的功与实际不可逆压缩过程中压气机所消耗的功之比，称为压气机的效率。

（1）特点

① 减小功的消耗，由 $p-v$ 图可知。

② 降低气体的排气温度，减少气体比热容。

③ 每一级压缩比降低，压气机容积效率增高。

（2）中间压力的确定

原则是消耗功最小。以两级压缩为例，得到：$p_2 / p_1 = p_3 / p_2$。

结论：两级压力比相等，耗功最小。该概念可推广为 z 级压缩

$$\beta_1 = \beta_2 = \cdots\cdots = \sqrt[z]{p_{z+1} / p_1}$$

（3）推理

① 每级进口、出口温度相等。

② 各级压气机消耗功相等。

③ 各级气缸及各中间冷却放出和吸收的热量相等。

3. 活塞式压气机余隙的影响

余隙：为了安置进、排气阀以及避免活塞与气缸端盖间的碰撞，在气缸端盖与活塞行程终点间留有一定的余隙，称为余隙容积，简称余隙。

活塞式压气机的容积效率：活塞式压气机的有效容积和活塞排量之比，即

$$\lambda_v = 1 - \frac{V_4 - V_3}{V_1 - V_3}$$

结论：余隙使一部分气缸容积不能被有效利用，压力比越大越不利。

余隙对理论压缩轴功的影响：其影响可表示为

$$w_{ns} = \frac{n_1}{n-1} p(V_1 - V_2)\left[1 - \left(\frac{p_2}{p_1}\right)^{\frac{n-1}{n}}\right]$$

式中，$V = V_1 - V_4$ 为实际吸入的气体体积。

结论：不论压气机有无余隙，压缩 1kg 气体所需的理论压缩轴功都相同，所以应减少余

隙容积。

思考题

【思考题4-1】试以理想气体的定温过程为例，归纳气体的热力过程要解决的问题及使用方法。

【思考题4-2】对于理想气体的任何一种过程，下列两组公式是否都适用？
$$\Delta u = c_v(t_2 - t_1),\ \Delta h = c_p(t_2 - t_1);\ q = \Delta u = c_v(t_2 - t_1),\ q = \Delta h = c_p(t_2 - t_1)$$

【思考题 4-3】在定容过程和定压过程中，气体的热量可根据过程中气体的比热容乘以温差来计算。定温过程气体的温度不变，在定温膨胀过程中是否需要对气体加入热量？如果加入，如何计算？

【思考题4-4】过程热量 q 和过程功 w 都是过程量，都和过程的途径有关。由理想气体可逆定温过程热量公式 $q = p_1 v_1 \ln \dfrac{v_2}{v_1}$ 可知，只要状态参数 p_1、v_1 和 v_2 确定了，q 的数值也确定了，是否可逆定温过程的热量 q 与途径无关？

【思考题4-5】闭口系统在定容过程中外界对系统施以搅拌功 δw，问这时 $\delta Q = mc_v dT$ 是否成立？

【思考题4-6】绝热过程的过程功 w 和技术功 w_t 的计算式 $w = u_1 - u_2$、$w_t = h_1 - h_2$ 是否只适用于理想气体？是否只限于可逆绝热过程？为什么？

【思考题4-7】试判断下列各种说法是否正确？

（1）定容过程即无膨胀（或压缩）功的过程。

（2）绝热过程即定熵过程。

（3）多变过程即任意过程。

【思考题4-8】写出理想气体状态方程的形式，以及状态方程的应用。

【思考题4-9】如思考题图4-1所示，今有两个任意过程 a—b 及 a—c，b 点及 c 点在同一条绝热线上，试问：

（1）Δu_{ab} 与 Δu_{ac} 哪个大？

（2）若 b 点及 c 点在同一条定温线上，结果又如何？

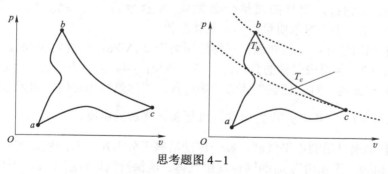

思考题图 4-1

【思考题4-10】理想气体定温过程的膨胀功等于技术功，此结论能否推广到任意气体？

【思考题4-11】在 p-v 和 T-s 图（思考题图4-2）上如何判断过程 q、w、Δu、Δh 的正负。

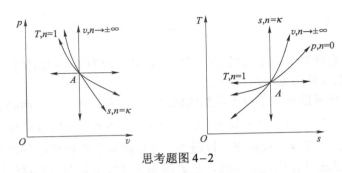

思考题图 4-2

【思考题 4-12】 以可逆绝热过程为例，说明水蒸气的热力过程与理想气体的热力过程的分析有何异同？

 习　题

【题 4-1】 已知氖的相对分子质量为 20.183，在 25℃时比定压热容为 1.030kJ/（kg·K）。试计算（按理想气体）：

（1）气体常数；

（2）标准状况下的比体积和密度；

（3）25℃时的比定容热容和热容比。

【题 4-2】 容积为 2.5m³ 的压缩空气储气罐，原来压力表读数为 0.05MPa，温度为 18℃。充气后压力表读数升为 0.42MPa，温度升为 40℃。当时大气压为 0.1MPa。求充进空气的质量。

【题 4-3】 有一容积为 2m³ 的氢气球，球壳质量为 1kg。当大气压力 750mmHg、温度为 20℃时，浮力为 11.2N。试求其中氢气的质量和表压力。

【题 4-4】 汽油发动机吸入空气和汽油蒸气的混合物，其压力为 0.095MPa。混合物中汽油的质量分数为 6%，汽油的摩尔质量为 114g/mol。试求混合气体的平均摩尔质量、气体常数及汽油蒸气的分压力。

【题 4-5】 50kg 废气和 75kg 空气混合。已知：废气的质量分数为 $w_{CO_2}=14\%$，$w_{O_2}=6\%$，$w_{H_2O}=5\%$，$w_{N_2}=75\%$，空气的质量分数为 $w_{O_2}=23.2\%$，$w_{N_2}=76.8\%$，求混合气体的：

（1）质量分数；（2）平均摩尔质量；（3）气体常数。

【题 4-6】 同习题 4-5。已知混合气体的压力为 0.1MPa，温度为 300K。求混合气体的：（1）体积分数；（2）各组成气体的分压力；（3）体积；（4）总热力学能（令积分常数 $C=0$）。

【题 4-7】 试证明：对于理想气体的绝热过程，若比热容为定值，则无论过程是否可逆，恒有 $w=\dfrac{R_g}{k-1}(T_1-T_2)$。其中 T_1 和 T_2 分别为过程初、终态的温度。

【题 4-8】 两端封闭的水平气缸，被一可动活塞平分为左、右两室，每室体积均为 V_0，其中盛有温度相同、压强均为 p_0 的同种理想气体。现保持气体温度不变，用外力缓慢移动活塞（忽略摩擦），使左室气体的体积膨胀为右室的 2 倍，问外力必须做多少功？

【题 4-9】 如果一定量的理想气体，其体积和压强依照 $V=a/\sqrt{p}$ 的规律变化，其中 a 为已知常量。试求：（1）气体从体积 V_1 膨胀到 V_2 所做的功；（2）气体体积为 V_1 时的温度 T_1

与体积为 V_2 时的温度 T_2 之比。

【题 4-10】空气从 300K 定压加热到 900K。按理想气体计算 1kg 空气吸收的热量及熵的变化:(1)按定比热容计算;(2)利用比定压热容经验公式计算;(3)利用热力性质表计算。

【题 4-11】空气在气缸中由初状态 T_1=300K、p_1=0.15MPa 进行如下过程:(1)定压吸热膨胀,温度升高到 480 K;(2)先定温膨胀,然后再在定容下使压力增到 0.15MPa,温度升高到 480K。试将上述两种过程画在压容图和温熵图中;利用空气的热力性质表计算这两种过程中的膨胀功、热量,以及热力学能和熵的变化,并对计算结果略加讨论。

【题 4-12】空气从 T_1=300K、p_1=0.1MPa 压缩到 p_2=0.6MPa。试计算过程的膨胀功(压缩功)、技术功和热量,设过程是(1)定温的;(2)定熵的;(3)多变的(n=1.25)。按定比热容理想气体计算,不考虑摩擦。

【题 4-13】空气在压气机中由 T_1=300K、p_1=0.25MPa 绝热膨胀到 p_2=0.1MPa。流量 q_m=5kg/s。试利用空气热力性质表计算膨胀终了时空气的温度和压气机的功:(1)不考虑摩擦损失;

(2)考虑内部摩擦损失。已知压气机的相对内效率:$\eta_{ri} = \dfrac{w_{T实际}}{w_{T理论}} = \dfrac{w_t}{w_{t,s}} = 85\%$。

*【题 4-14】计算习题 4-13 中由于压气机内部摩擦引起的气体比熵的增加(利用空气热力性质表)。

【题 4-15】天然气(其主要成分是甲烷 CH_4)由高压输气管道经压气机绝热膨胀做功后再使用。已测出天然气进入压气机时的压力为 4.9MPa,温度为 25℃。流出压气机时的压力为 0.15MPa,温度为 -115℃。如果认为天然气在压气机中的状态变化规律接近一多变过程,求多变指数及温度降为 0℃时的压力,并确定压气机相对内效率(按定值比热容理想气体计算)。

【题 4-16】压缩空气的压力为 1.2MPa,温度为 380K。由于输送管道的阻力和散热,流至节流阀门前压力降为 1MPa、温度降为 300K。经节流后压力进一步降到 0.7MPa。试求每千克压缩空气由输送管道散到大气中的热量,以及空气流出节流阀时的温度和节流过程的熵增(按定值比热容理想气体进行计算)。

【题 4-17】温度为 500K、流量为 3kg/s 的烟气与温度为 300K、流量为 1.8kg/s 的空气(质量分数近似为 w_{O_2} = 21%,w_{N_2} = 79%)混合。试求混合后气流的温度(按定值比热容理想气体计算)。

【题 4-18】某氧气瓶的容积为 50L。原来瓶中氧气压力为 0.8 MPa、温度为环境温度 293K。将它与温度为 300K 的高压氧气管道接通,并使瓶内压力迅速充至 3MPa(与外界的热交换可以忽略),试求充进瓶内的氧气质量。

【题 4-19】同习题 4-18。如果充气过程缓慢,瓶内气体温度基本上一直保持为环境温度 293K。试求将压力同样充到 3MPa 时充进瓶内的氧气质量以及充气过程中向外界放出的热量。

【题 4-20】10L 的容器中装有压力为 0.15MPa、温度为室温(293K)的氩气。现将容器阀门突然打开,氩气迅速排向大气,容器中的压力很快降至大气压力(0.1MPa),这时立即关闭阀门。经一段时间后容器内恢复到大气温度。试求：

（1）放气过程达到的最低温度。

（2）恢复到大气温度后容器内的压力。

（3）放出的气体质量。

（4）关阀后气体从外界吸收的热量。

【题4–21】气体的初状态为0℃、101 325Pa，此时的比熵值定为零。经过（1）定压过程、（2）定温过程、（3）定熵过程、（4）$n =1.2$ 的多变过程，体积变为原来的（a）3 倍；（b）1/3。试按定比热容理想气体并利用计算机，将上述四个膨胀过程和四个压缩过程的过程曲线准确地绘制在 $p-v$ 和 $T-s$ 坐标系中。

【题4–22】参照题图4–1，试证明：$q_{1-2-3} \neq q_{1-4-3}$。图中 1–2 和 4–3 各为定容过程，1–4 和 2–3 各为定压过程。

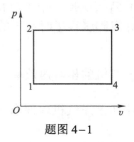

题图 4–1

第五章

热力学第二定律

　　热力学第一定律指出了能量的守恒和转化，以及转化过程中各种能量具有的当量关系，但不能指出变化的方向和变化进行的程度。一个过程只要发生了，它就必定符合第一定律，对应过程中的内能变化、功及热等就有定值。至于过程是如何发生的，就不是热力学第一定律能解决的问题。一个过程能否发生，取决于它自身的性质及环境条件。如热总是自发从高温流向低温，而不可能自发地从低温流向高温。为什么有的过程可自发进行，而有的过程却不能呢？对于非自发过程，可以对它做功使其发生，如水泵可使水从低处流向高处，制冷机可使热从低温流向高温，通电可使水电解成 H_2 和 O_2……那么自发过程的动力是什么？在 19 世纪中叶，就因发现大多数反应都是放热的，曾把反应热错误地看作是发生化学反应的动力，并提出了当时著名的"汤姆逊-贝塞罗规则"。然而，无数实验事实证明，在孤立体系中，功可以完全转化为热，而热却不能完全转化为功而不引起其他变化。这是热力学第二定律要研究的问题。正是这种热功转换的不对称性，使得物质状态的变化存在着一定的方向性和限度。

　　热力学第二定律和热力学第一定律一样，也是人类科学积累与实践经验的总结，其正确性不能用数学逻辑来证明。热力学关于某过程不能发生的断言是十分肯定的，而关于过程可能发生的断言则仅指有发生的可能性而已。至于以多快的速率发生，是否某时间内一定发生则是热力学第二定律也不能回答的问题。众所周知，自然界凡是可能发生的过程，都有各自的推动力：如重物下落是因为有势能推动；高压气体可向低压气体膨胀，其推动力是压差；而热可从高温传向低温，温度差是其推动力；浓度不匀的溶液，会自动从高浓度向低浓度扩散等。各种能自动发生的过程都有其特殊的推动力。这些推动力是否有共性？可否用同一物理量来表示呢？

一、自发过程和热力学第二定律

1. 自发过程

（1）理想气体向真空膨胀

理想气体向真空膨胀是自发过程。当膨胀时，$Q=0$，$W=0$，$\Delta U=0$，$\Delta T=0$。经过一定时间后，气体充满整个容器，而气体体积自动缩小，使容器中剩余部分变成真空是不可能的。

（2）温差传热

热由高温物体向低温物体传递是自发过程。当热量 Q 经导热棒从高温 T_H 传向低温 T_L 后，高温热源降温或低温热源升温，经足够长时间后，两者温度变得相同。相反，使低温热源的

热自动流向高温热源是不可能的。

（3）浓差扩散

将两个浓度不同的同类溶液通过隔膜相接触，浓度大的一侧将向浓度小的一侧扩散，直至两溶液的浓度相同为止。使浓度相同的溶液自动变成有浓度差异的两个溶液是不可能的，使溶质自动析出而变成纯溶剂是不可想象的。

（4）化学反应

将金属锌投入硫酸铜溶液中可自发地置换出金属铜，而将金属铜放入硫酸锌溶液中则看不到任何变化。

下列过程是自发的：

① 焦耳热功当量中功自动转变成热。

② 气体向真空膨胀，吸收热量，降低其内能。

③ 热量从高温物体传入低温物体，降低高温物体内能，使其以热的形式传给低温热源。

④ 浓度不等的溶液混合均匀，可降低其内能。

⑤ 锌片与硫酸铜的置换反应，将化学能转变成体积功，降低其内能。

它们的逆过程都不能自动进行。要使它们反方向进行，则必须借助外力。当借助外力使体系恢复原状后，会给环境留下不可磨灭的影响。如：

① 要将热转变成功，根据卡诺可逆循环，热的一部分可转变为功，而另一部分则必须释放给低温热源，即环境做了功而得到了部分的热。环境中留下了功变成热的痕迹。

② 要使气体压缩，环境必须对其做压缩功，而得到等量的热。环境中留下了功变成热的痕迹。

③ 要使热量从低温物体传入高温物体，必须对其做功而得到相应的热。环境中留下了功变成热的痕迹。

④ 将均匀的混合溶液分离，必须通过萃取、结晶、蒸发等对其做功，而得到相应的热。环境中留下了功变成热的痕迹。

⑤ 要用铜来置换硫酸锌里的锌，则必须对其做电功。

这些例子说明，一个自发变化发生后，不可能使体系和环境都恢复到原来的状态而不留下任何影响，就是说自发过程是不可逆的。

2. 自发过程逆向进行必须消耗功

在自然条件下能自发进行的过程，其逆向过程是不能自发进行的。但并非任何条件下均不能逆转，如果环境对体系做功，就可以使逆向过程得以进行。例如：用真空泵就可以将容器中的低压气体抽至高压容器而产生真空；使用制冷机则可将低温热源的热传递到高温热源去；加热溶液，可蒸发出溶剂，也可通过浓差电池使稀溶液中的溶质转移到浓溶液中；以金属铜为阳极，金属锌为阴极电解硫酸锌溶液，则可得到金属锌和硫酸铜溶液等。

总之，要使自发过程的逆过程得以进行，环境就必须对体系做功。

3. 自发过程的共同特征

自发过程的逆向过程称为非自发过程。由前述可知，要使非自发过程得以进行，环境必须对体系做功。而据第一定律已知，当体系对环境做时，可逆功 $W_{体,R}$ 最大；而当环境对体系做功时，可逆功 $W_{环,R}$ 最小。若使某过程的正逆向均可逆进行，则系统对环境所做的功与环境

对系统所做的功相等，即 $|W_{体,R}|=|W_{环,R}|$。对自发过程及其逆过程，因 $|W_{体,自发}|<|W_{体,R}|$，$|W_{环,逆}|>|W_{环,R}|$，故 $|W_{环,逆}|>|W_{体,自发}|$。显然，由自发过程与其逆过程组成的循环结束时，系统虽然还原了，但环境消耗了功。据热力学第一定律，环境消耗了功，必定得到了等量的热，环境付出了功而得到了热，未能恢复到原来的状态，故自发过程必为不可逆过程。可见，自发过程的共同特征就是过程自发进行造成了体系做功能力的损失。例如，设体系在等温下从 p_1、V_1 在恒外压 p_2 下自发膨胀到新状态 p_2、V_2（$p_1>p_2$），再由环境在等温及恒压 p_1 下对体系做功将体系压缩到 p_1、V_1。经上列循环后，体系对环境所做的功为 $W_{体,自发}=-p_2(V_2-V_1)$，而环境所做的功为 $W_{环,逆向}=-p_1(V_1-V_2)$。显然，$W=W_{环,逆向}+W_{体,自发}=(V_2-V_1)\times(p_1-p_2)>0$，即环境向体系做了净功，而系统已还原，故环境得到了等量的热。

4. 热力学第二定律的几种说法

现实生活中，许多过程都是只能自动向某一个方向进行的，它们的共同特征是不可逆性。实质上，**一切实际过程都是热力学的不可逆过程**。人们还发现，从一个不可逆过程还可以推断另一个不可逆过程。用某种不可逆过程来概括其他不可逆过程，该普遍原理就是热力学第二定律。克劳修斯说法和开尔文说法是第二定律的两种不同的表述方式，但描述的是同一个问题。**克劳修斯（R.Clausius）说法**："不可能把热从低温物体传到高温物体而不产生其他影响"。简单地说，就是"热不能自动从低温流向高温"。**开尔文（L.Kelvin）说法**："不可能从单一热源取出热使之完全变成功而不产生其他影响"。这两种说法的实质都是说明某种自发过程的逆过程是不能自动进行的。**克劳修说法谈的是热传导的不可逆性，而开尔文说法则是指功变热过程的不可逆性**。应该注意，**不能简单地说"功可以完全变成热，而热不能完全变成功"**。事实上，不是热不能完全变成功，而是**在不引起其他变化的条件下，热不能完全变成功**。开尔文说法也可表达为"第二类永动机是不可能造成的"，第二类永动机即一种能够从单一热源吸热，并将所吸收的热全部变为功而无其他影响的机器。它符合第一定律，但却不能制成，这就是第二定律的实质。同热力学第一定律一样，第二定律也是经验总结，它不能从其他更普遍的定律推导出来。

第二定律的每一种说法都是等效的，违反一种就必定违反另一种。如若克劳修斯说法不成立，即热能自动从低温流向高温，那么我们就可以用热机从高温热源吸热，向低温热源放热并对外做功，而低温所得到的热又能自动地流回高温，于是低温热源复原，等于只从单一的高温热源吸热对外做功而无其他变化，这违反了开尔文说法。反之，若开尔文说法不成立，即可从单一高温热源吸热对外做功，用该功来推动可逆热机从低温热源吸热放到高温热源，因热机从低温热源吸取的热大于放到高温热源的热，环境复原，而结果就是低温热源的热自动流向高温热源，这违反了克劳修斯说法。总的做功能力减少无限小的过程，为各种不平衡因素无限小的过程，因而是可逆过程。总做功能力增加的过程是不可能自发发生的过程。

热是分子混乱运动的一种表现，而功是分子有序运动的结果。功转变成热是从规则运动转化为不规则运动，混乱度增加，是自发的过程；而要将无序运动的热转化为有序运动的功，就不可能自动发生。将 N_2 和 O_2 放在一个容器内隔板的两边，抽去隔板，N_2 和 O_2 自动混合，直至平衡。这是混乱度增加的过程，也是熵增加过程，是自发的过程，其逆过程绝不会自动发生。处于高温的体系，分布在高能级上的分子数较集中；而处于低温的体系，分子较多地集中在低能级上。当热从高温物体传入低温物体时，两物体各能级上分布的分子数都将改变，是一个自发过程，而逆过程不可能自动发生。热力学第二定律指出，自发的过程都是不可逆的，而不可逆过程可以归结为功转换为热的不可逆性。从以上几个不可逆过程的例子可以看出，不可逆过程都是向混乱度增加的方向进行，而熵函数可以作为体系混乱度的一种量度，这就是热力学第二定律所阐明的不可逆过程的本质。

二、卡诺热机

1. 卡诺循环

由于热力学第二定律是从研究热转化为功的限制来解决可能性问题的，因而，首先必须了解热转化为功的限制条件，这可通过研究热机效率来实现。所谓**热机，就是通过工质（如气缸中的气体）从高温热源吸取热量对外做功，然后向低温热源放热而复原。如此循环，不断将热转化为功的机器**。自从蒸汽机被发明以后，人们竞相研究如何提高热机的效率。1824年，法国工程师卡诺（**N.L.S.Carnot**，1796—1832）发现，热机在最理想的情况下也不能把所取的热全部转化为功，存在一个极限。他设计了由四个可逆过程构成一个循环过程，并由此求出了该过程的效率。该循环过程被称为**卡诺循环**。

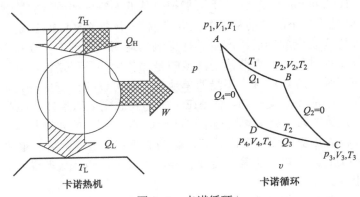

图 5-1　卡诺循环

卡诺循环是由两个等温可逆过程和两个绝热可逆过程构成的可逆循环过程（图 5-1）。这些过程包括：

过程①：在等温（T_H）下，由状态 1（p_1，V_1）可逆地膨胀到新的状态 2（p_2，V_2）。

过程②：在绝热条件下，由状态 2（p_2，V_2）可逆地膨胀到新的状态 3（p_3，V_3）。

过程③：在等温（T_L）下，由状态 3（p_3，V_3）可逆地压缩到新的状态 4（p_4，V_4）。

过程④：在绝热条件下，由状态 4（p_4，V_4）可逆地压缩到初始状态 1（p_1，V_1）。

该可逆循环过程及热机模型如下：体系按顺时针顺序经过一个循环后，从高温热源吸热 Q_H，一部分对环境做功 W，一部分热放给低温热源 Q_L。曲线所围面积即为体系对环境所做的功。在循环过程中，假定热源很大，当取出或放入有限的热量时，其温度变化可忽略不计。卡诺循环是热力学的基本循环，由卡诺循环构成的热机是**理想热机**。上列各循环过程的功和热计算如下：

过程①等温膨胀： A（p_1，V_1，T_H）=> B（p_2，V_2，T_H）

该过程中 $\Delta U_{12}=0$，由第一定律可知：

$$Q_H = Q_{12} = -W_{12} = \int_{V_1}^{V_2} p\mathrm{d}V = RT_H \ln\frac{V_2}{V_1}$$

过程②绝热膨胀: $B\,(p_2, V_2, T_H) => C(p_3,\ V_3,\ T_L)$

过程中,$Q_{23}=0$,由第一定律有

$$W_{23} = \Delta U_{23} = c_{V,m}(T_L - T_H)$$

式中,$c_{V,m}$ 为热容。

过程③等温压缩: $C\,(p_3, V_3, T_L) => D(p_4,\ V_4,\ T_L)$

该过程中$\Delta U_{34}=0$,由第一定律可知

$$Q_L = Q_{34} = -W_{34} = \int_{V_3}^{V_4} p\mathrm{d}V = RT_L \ln\frac{V_4}{V_3}$$

过程④绝热压缩: $D\,(p_4, V_4, T_L) => A\,(p_1, V_1, T_H)$

过程中,$Q_{41}=0$,由第一定律有

$$W_{41} = \Delta U_{41} = \int_{T_L}^{T_H} c_{V,m}\mathrm{d}T = c_{V,m}(T_H - T_L)$$

以上四步构成一个可逆循环,整个过程中体系对环境所做的总功为W,而内能是状态函数,有$\Delta U=0$,由第一定律知

$$-W = Q = Q_L + Q_H$$

$$\begin{aligned}
-W &= -(W_{12} + W_{23} + W_{34} + W_{41})\\
&= RT_H \ln\frac{V_2}{V_1} + c_{V,m}(T_H - T_L) + RT_L \ln\frac{V_4}{V_3} + c_{V,m}(T_L - T_H)\\
&= RT_H \ln\frac{V_2}{V_1} + RT_L \ln\frac{V_4}{V_3}
\end{aligned}$$

而过程②和④是绝热可逆过程,由过程方程得

$$T_H V_2^{\gamma-1} = T_L V_3^{\gamma-1} \qquad T_H V_1^{\gamma-1} = T_L V_4^{\gamma-1}$$

两式相除得

$$\frac{V_2}{V_1} = \frac{V_3}{V_4}$$

代入前式得

$$-W = Q_H + Q_L = RT_H \ln\frac{V_2}{V_1} - RT_L \ln\frac{V_2}{V_1} = R(T_H - T_L)\ln\frac{V_2}{V_1}$$

2. 热机效率

任何热机从高温(T_H)热源吸热为Q_H,一部分转化为功$-W$,另一部分热Q_L传给低温(T_L)热源。将热机所做的功($-W$)与所吸的热(Q_L)之比称为热机转换系数,也称为热机效率,用η表示:

$$\begin{aligned}
\eta &= \frac{-W}{Q_H} = \frac{Q_H + Q_L}{Q_H} = R(T_H - T_L)\ln\frac{V_2}{V_1} \Big/ \left(RT_H \ln\frac{V_2}{V_1} \right)\\
&= \frac{T_H - T_L}{T_H} = 1 - \frac{T_L}{T_H}
\end{aligned}$$

η 恒小于 1。

热机的转换系数只与两个热源的温度差有关，温差越大，转换系数也越大。若低温热源相同，则高温热源的温度越高，从高温热源传出同样的热对环境所做的功越多。这说明温度越高，热的品质越高。若将可逆的卡诺机倒过来开，就成为制冷机。此时，环境对体系做功 W'，体系自低温热源 T_L 吸热 Q'_L，而放给高温热源 T_H 热量 Q'_H。
则有

$$\beta = \frac{Q'_L}{W'} = \frac{-RT_L \ln \dfrac{V_4}{V_3}}{R(T_H - T_L) \ln \dfrac{V_2}{V_1}} = \frac{RT_L \ln \dfrac{V_2}{V_1}}{R(T_H - T_L) \ln \dfrac{V_2}{V_1}} = \frac{T_L}{T_H - T_L}$$

式中，β 为冷冻系数。此时体系向高温热源放热为

$$Q'_H = -(W' + Q'_L) = -\left[R(T_H - T_L) \ln \frac{V_2}{V_1} + RT_L \ln \frac{V_2}{V_1} \right] = RT_H \ln \frac{V_1}{V_2}$$

$$能效比 = \frac{-Q'_H}{W'} = \frac{W' + Q'_L}{W'} = 1 + \frac{Q'_L}{W'} = 1 + \beta = \frac{T_H}{T_H - T_L}$$

由热机效率的表达式整理可得

$$\frac{Q_L}{T_L} + \frac{Q_H}{T_H} = 0$$

上式表明，在可逆卡诺循环中，可逆热温商之和等于 0。这是卡诺循环的一项重要性质。由卡诺循环可得出如下结论：

① 卡诺热机是工作于两热源间的可逆机。其净变化是，体系从高温热源吸取热量，部分转化为功，其余部分流向低温热源。

② 当低温热源温度一定时，高温热源的温度越高，则一定量的热所能产生的功就越大，即温度越高，热的品位就越高。

③ 若环境对热机做功，则可使低温热源的热量流向高温热源，这就是制冷机。利用制冷机的原理，当环境向热机做功时，体系从低温热源吸热，放到高温热源，使高温热源得到数倍于功的热。这就是热泵的工作原理。

3. 卡诺定理

所有工作于同温热源和同温冷源之间的热机，其效率都不能超过可逆机，即可逆机的效率大于不可逆热机的效率。若用 η_I 表示不可逆热机的工作效率，则 $\eta_I = \dfrac{Q_1 + Q_2}{Q_2}$，用 η_R 表示可逆热机的工作效率，则 $\eta_R = \dfrac{T_2 - T_1}{T_2}$。卡诺定理可用下式表示：

$$\eta_I = \left(\frac{Q_1 + Q_2}{Q_2} \right) \leqslant \eta_R = \left(\frac{T_2 - T_1}{T_2} \right)$$

第二定律否定了第二类永动机，即效率为 1 的热机是不存在的。那热机的最高效率是多少呢？卡诺定理认为："所有工作于同温热源与同温冷源之间的热机，可逆机热机的效率最

高。"这就是**卡诺定理**，即 $\eta_R \geq \eta_I$。

证明如下：

设在两热源之间有可逆热机 R 和任意热机 I。现调节两热机的功率使其相等，并用任意热机 I 带动可逆热机 R 倒转，可逆热机 R 所需功 W 由任意热机 I 提供。任意热机 I 从高温吸热 $Q_{H,I}$，做功 W，并向低温热源放热 $Q_{L,I}$。可逆机从低温热源吸热 $Q_{L,R}$，放到高温热源的热为 $Q_{H,R}$。则有 $\eta_I = -W_I / Q_{H,I}$，$\eta_R = W_R / -Q_{H,R}$。若 $\eta_I > \eta_R$，$-Q_{H,R} = Q_{H,I}$，则任意热机 I 所做的功大于可逆热机 R 所需的功 $-W_I > W_R$，而放到低温热源的热比可逆热机 R 吸收的热少 $-Q_{L,I} < Q_{L,R}$。整个复合机循环一周后，高温热源复原，而复合热机相当于从低温热源吸热 $Q_{L,R} + Q_{L,I} > 0$，并对外做功 $-(W_I + W_R) > 0$。净结果是从单一低温热源吸热对外做功而没有其他变化，这显然违背了热力学第二定律的开尔文说法，故假设 $\eta_I > \eta_R$ 不能成立。

若

$$\eta_I > \eta_R，\quad Q_{L,R} = -Q_{L,I}$$

则有

$$Q_{H,I} < -Q_{H,R}$$

即

$$(Q_{H,R} + Q_{H,I}) > 0。$$

因

$$W_R = -(Q_{H,R} + Q_{L,R})，\quad W_I = -(Q_{H,I} + Q_{L,I})$$

所以有

$$-(W_I + W_R) = Q_{H,I} + Q_{L,I} + Q_{H,R} + Q_{L,R} = Q_{H,I} + Q_{H,R} > 0$$

净结果是从单一高温热源吸热对外做功而没有其他变化。这显然违背了热力学第二定律的开尔文说法，故假设 $\eta_I > \eta_R$ 不能成立。总之，只能是 $\eta_I \leq \eta_R$。

因 $\eta_R = \dfrac{Q_{H,R} + Q_{L,R}}{Q_{H,R}} = 1 - \dfrac{T_L}{T_H}$，$\eta_I = \dfrac{Q_{H,I} + Q_{L,I}}{Q_{H,I}} = 1 + \dfrac{Q_H}{Q_L}$

由卡诺定理可得

$$\frac{Q_L}{Q_H} \leq -\frac{T_L}{T_H}$$

即

$$\frac{Q_L}{T_L} + \frac{Q_H}{T_H} \leq 0 \quad \begin{cases} <\text{不可逆循环} \\ =\text{可逆循环} \end{cases}$$

对无限小循环，有

$$\frac{\delta Q_L}{T_L} + \frac{\delta Q_H}{T_H} \leq 0 \quad \begin{cases} <\text{不可逆循环} \\ =\text{可逆循环} \end{cases}$$

据卡诺定理可以推论："**所有工作于同温热源与同温冷源之间的可逆机，其效率都相等。**"

证明：设有两可逆机 R_1 和 R_2，在同温热源和同温冷源之间工作。若以 R_1 带动 R_2 工作，使 R_2 逆转，则据卡诺定理有

$$\eta_{R1} = \eta_{R2}$$

反之则有

$$\eta_{R1} \geq \eta_{R2}$$

因两热机要同时满足上列二式，故只能有

$$\eta_{R1} = \eta_{R2}$$

因为所有工作于同温热源与同温冷源之间的可逆热机的效率都相等，故其工作物质可以是任意物质，与该物质的本性无关，只要第一步都是可逆的，就可引用理想气体卡诺循环的结果。卡诺定理在公式中引入了不等号，这是判断不可逆过程的依据。就是这个不等号解决了化学反应的方向问题。

卡诺定理的意义：① 引入了一个不等号，原则上解决了热力学的方向问题；② 解决了热机效率的极限值问题。

4. 熵

据卡诺定理可知，卡诺循环中应有

$$\frac{Q_L}{T_L} + \frac{Q_H}{T_H} = 0$$

对应于无限小的循环，则有

$$\frac{\delta Q_L}{T_L} + \frac{\delta Q_H}{T_H} = 0$$

对任意可逆循环过程，可用足够多且绝热线相互恰好重叠的小卡诺循环逼近。对每一个卡诺可逆循环，均有

$$\frac{\delta Q_{L,j}}{T_{L,j}} + \frac{\delta Q_{H,j}}{T_{H,j}} = 0$$

对整个过程，则有

$$\sum_j \left(\frac{\delta Q_{L,j}}{T_{L,j}} + \frac{\delta Q_{H,j}}{T_{H,j}} \right) = \sum_j \left(\frac{\delta Q_j}{T_j} \right)_R = 0$$

由于各卡诺循环的绝热线恰好重叠（图 5-2），方向相反，正好互相抵消。在极限情况下，由足够多的小卡诺循环组成的封闭曲线可以代替任意可逆循环。故任意可逆循环过程的热温商可表示为

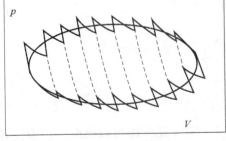

图 5-2　各卡诺循环

$$\oint \left(\frac{\delta Q}{T} \right)_R = 0$$

即在任意可逆循环过程中，工作物质在各温度所吸的热（Q）与该温度之比（热温高）的总和等于零。据积分定理可知：**若沿封闭曲线的环积分为 0，则被积变量具有全微分的性质，是状态函数**。现在讨论可逆过程中的热温商。

设有一个可逆循环过程（图 5-3），在该过程曲线中任取两点 A 和 B，则可逆曲线被分为两条，每条曲线所代表的过程均为可逆过程。对这两个过程，有

$$\int_A^B \left(\frac{\delta Q}{T} \right)_{R_a} + \int_B^A \left(\frac{\delta Q}{T} \right)_{R_b} = 0$$

整理得

$$\int_A^B \left(\frac{\delta Q}{T}\right)_{R_a} = \int_A^B \left(\frac{\delta Q}{T}\right)_{R_b}$$

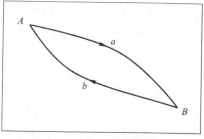

图 5–3　可逆循环过程

这表明，从状态 A 到状态 B，经由不同的可逆过程，它们各自的热温商的总和相等。因为所选的可逆循环及曲线上的点 A 和 B 均是任意的，故上列结论也适合于其他任意可逆循环过程。在可逆过程中，由于 $\int_A^B \left(\frac{\delta Q}{T}\right)_R$ 的值与状态点 A、B 之间的可逆途径无关，仅由始末态决定，具有状态函数的性质，故克劳修斯据此定义它为一个新的热力学函数**熵**，用符号 S 表示。若令 S_A 和 S_B 分别代表始态和末态的熵，则上式可写为

$$S_B - S_A = \Delta S = \int_A^B \left(\frac{\delta Q}{T}\right)_R$$

对微小的变化过程，有

$$\mathrm{d}S = \left(\frac{\delta Q}{T}\right)_R$$

上列两式均为熵的定义式。内能和焓都是状态函数，是体系自身的性质。熵也是状态函数，只取决于体系的始末态，其值用可逆过程的热温商来计算，单位为 $J \cdot K^{-1}$。1mol 物质的熵称为摩尔熵，单位为 $J \cdot mol^{-1} \cdot K^{-1}$。

5. 熵判据——熵增原理

对绝热体系中发生的过程，因 $\delta Q = 0$，所以有

$$\mathrm{d}S \geqslant 0 \quad 或 \quad \Delta S \geqslant 0$$

即在绝热可逆过程中，只能发生 $\Delta S \geqslant 0$ 的变化。

在绝热可逆过程中，体系的熵不变；在绝热不可逆过程中，体系的熵增加。体系不可能发生熵减少（$\Delta S < 0$）的变化，故可用体系的熵函数判断过程的可逆与不可逆。**在绝热条件下，趋向于平衡的过程使体系的熵增加，这就是熵增加原理。应该注意：自发过程必定是不可逆过程。但不可逆过程可以是自发过程，也可以是非自发过程。若不可逆过程是由环境对体系做功形成的，则为非自发过程；若环境没有对体系做功而发生了一个不可逆过程，则该过程必为自发过程。** 对隔离体系，体系与环境之间没有热和功的交换，当然也是绝热的。考虑到与体系密切相关的环境，即将体系与环境作为一个整体，则可用下式来判断：

$$\mathrm{d}S_{隔离} = \mathrm{d}S_{体系} + \mathrm{d}S_{环境} \geqslant 0 \quad 或 \quad \Delta S_{隔离} = \Delta S_{体系} + \Delta S_{环境} \geqslant 0$$

由于外界对隔离体系无法干扰，任何自发过程都是由非平衡态趋向于平衡态的。达到平衡时，其熵值达到最大值。上式是判断过程可逆与否的依据，故又称为**熵判据**。一个体系，如果已经达到平衡状态，则其中的任何一个过程都一定是可逆的。通常情况下，与体系紧密接触的环境都是由大量的不发生相变化和化学变化的物质组成，它处于热力学平衡态。当体系与环境间交换了一定量的热和功之后，其温度、压力变化极微，可视为常数，因而可认为

在环境内部不存在不可逆的过程。

熵增与熵变原理详见"三、熵增与熵变原理"。

6. 关于熵的几个需要注意的问题

① 熵是状态函数,是容量性质,单位为 $J \cdot K^{-1}$。

② 可用克劳修斯不等式判断过程的可逆程度。取等号时为可逆过程,否则为不可逆过程。

③ 在绝热过程中,若过程可逆,则体系的熵不变,若过程不可逆,则体系的熵增加。绝热不可逆过程总是向熵增加的方向进行。当达平衡时,体系的熵达到最大。

④ 在任何一个隔离体系中,若进行了**不可逆过程**,则体系的熵增加。

据卡诺定理知:

$$\frac{Q_L}{T_L} + \frac{Q_H}{T_H} \begin{cases} < 0 & 不可逆 \\ = 0 & 可逆 \end{cases} \quad 或 \quad \frac{\delta Q_L}{T_L} + \frac{\delta Q_H}{T_H} \begin{cases} < 0 & 不可逆 \\ = 0 & 可逆 \end{cases}$$

对于任意的循环过程,则有

$$\oint \frac{\delta Q}{T} \begin{cases} < 0 & 不可逆 \\ = 0 & 可\ 逆 \end{cases}$$

现在设某循环过程(图 5-4),由状态 A 到 B 是不可逆过程,而由状态 B 到 A 是可逆过程。因循环过程中包含有不可逆过程,故整个过程也不可逆,由上式可知:

$$\int_A^B \frac{\delta Q_I}{T} + \int_B^A \frac{\delta Q_R}{T} < 0$$

因

$$\int_B^A \frac{\delta Q_R}{T} = S_A - S_B$$

所以

$$\Delta S = S_B - S_A > \int_A^B \frac{\delta Q_I}{T}$$

可见,体系从状态 A 经由不可逆过程到状态 B,过程中热温商的总和小于体系的熵变 ΔS。

若考虑可逆过程的情况,则有

$$\Delta S_{A \to B} \geqslant \int_A^B \frac{\delta Q}{T} \begin{cases} > & 不可逆 \\ = & 可\ 逆 \end{cases}$$

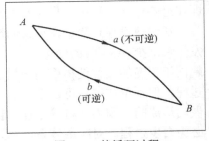

图 5-4　某循环过程

这就是**克劳修斯不等式**。式中,δQ 是实际过程的热效应;T 是环境温度。在可逆过程中取等号,在不可逆过程中取大于号。

用上式可以判断过程的可逆性,也可作为热力学第二定律的数学表达式。对微小变化过程,有

$$dS \geqslant \frac{\delta Q}{T} \begin{cases} > & 不可逆 \\ = & 可\ 逆 \end{cases}$$

这是热力学第二定律最普遍的表示形式。

7. 熵的物理意义与环境熵差的计算

某一宏观状态相对应的微观状态的数目,称为该宏观状态的"微观状态数",即该宏观状

态的"热力学概率"。在热力学过程中，系统混乱度 Ω 的增减，与系统熵的增减是同步的。统计力学证明：

$$S = k \ln \Omega$$

熵是状态函数，在一定状态下系统有一定的熵值。那么系统含有熵的大小代表的物理意义是什么呢？理论和实践都说明，恒温膨胀、恒压或恒容升温、气体混合、固 $\to$ 液 $\to$ 气相变等过程，无一例外都是体系无序度（又称混乱度）增加而熵也增加的过程。这说明"熵"是量度体系无序度的函数。可以预料，随着温度的下降，体系的无序度减小，到一定程度时，纯物质完美晶体的无序将达最小，熵也应最小。因熵是状态函数，只与始末态有关，而与途径无关，故对不可逆过程，可将其设计为一可逆过程来计算。若环境由处于热力学平衡态的不发生相变化和化学变化的物质构成，其质量为 m，比热容为 c，温度为 T_{amb}。由于环境足够大，而其与体系所交换的热量又有限，故因热交换引起的环境的温度变化 $T'_{amb} - T_{amb}$ 将不会很大，故可假设其比热容 c 基本不随温度而变的常数，因 $Q_{amb} = -Q_{sys}$，且 $Q_{amb} = mc(T'_{amb} - T_{amb})$，则环境末态温度 $T'_{amb} = T_{amb} + Q_{amb} / mc$。而环境的熵变为

$$\Delta S_{amb} = \int_{T_{amb}}^{T'_{amb}} \frac{mc}{T} \, dT = mc \ln \frac{T'_{amb}}{T_{amb}} = mc \ln \frac{T_{amb} + Q_{amb} / mc}{T_{amb}} = mc \ln \left(1 + \frac{Q_{amb}}{mcT_{amb}} \right)$$

因 $mcT_{amb} \gg Q_{amb}$，利用 $\ln(1 + x) \approx x$（当 $x \ll 1$ 时），可得

$$\Delta S_{amb} = \frac{Q_{amb}}{T_{amb}} = -\frac{Q_{sys}}{T_{amb}}$$

这就是常用的计算环境熵变的公式。该式表明，相对于系统，环境总是无限大的，可看成一个恒温热源。因而环境与体系所交换的热，对于环境来说，总是可逆的。

下面以变温过程（即非等温过程）为例，来说明熵的变化。

① **绝热可逆过程**。因 $Q_R = 0$，故 $\Delta S = 0$。

② **恒压过程**。对等压不做非体积功的体系有

$$\delta Q_R = dH = nc_{p,m} dT$$

故

$$\Delta S = \int_{T_1}^{T_2} \frac{nc_{p,m}}{T} \, dT = nc_{p,m} \ln \frac{T_2}{T_1}$$

③ **恒容过程**。据第一定律有 $\delta Q_R = dU + p dV = c_V dT = nc_{V,m} dT$

故

$$\Delta S = \int_{T_1}^{T_2} \frac{nc_{V,m}}{T} \, dT = nc_{V,m} \ln \frac{T_2}{T_1}$$

④ **任意变温过程**。设体系由状态 $1(p_1, T_1, V_1)$ 可逆变化到状态 $2(p_2, T_2, V_2)$（因熵是状态函数，不可逆过程同样可以使用下列所得结论），由热力学第一定律得

$$\delta Q_R = dU + p dV$$

对理想气体，有 $dU = c_V dT$

故

$$dS = \frac{c_V}{T} dT + \frac{p}{T} dV$$

将体系的 c_V 及状态函数代入上式并积分，即可得到体系的熵变为

$$\Delta S = nc_{V,m}\ln\frac{T_2}{T_1} + nR\ln\frac{V_2}{V_1}$$

也可按下法求解。

据焓的定义 $H = U + pV$ 有

$$dH = dU + pdV + Vdp$$

代入前式得

$$\delta Q_R = dH - Vdp$$

对理想气体有

$$dH = c_p dT$$

所以

$$dS = \frac{c_p}{T}dT - \frac{V}{T}dp, \quad \Delta S = nc_{p,m}\ln\frac{T_2}{T_1} - nR\ln\frac{p_2}{p_1}$$

因熵是状态函数，上列各式既可用于可逆过程，也可用于不可逆过程。如绝热不可逆压缩过程的熵，只要确定了其始末态，就可用这些公式计算。

⑤ 温度不同的同类物质的绝热等压混合（或接触）。设质量为 m_1、温度为 T_1 的物质与质量为 m_2、温度为 T_2 的同类物体在绝热等压条件下相混合（或接触）。设混合（或接触）并达平衡后的温度为 T。依据能量守恒原理（设 $T_2 > T_1$）有

$$m_1 c_p(T - T_1) + m_2 c_p(T - T_2) = 0$$

所以

$$T = \frac{m_1 T_1 + m_2 T_2}{m_1 + m_2}$$

设该过程为等压可逆过程，则有

$$\Delta S = \Delta S_1 + \Delta S_2 = \int_{T_1}^{T} m_1 \frac{c_p}{T}dT + \int_{T_2}^{T} m_2 \frac{c_p}{T}dT = c_p\left(m_1\ln\frac{T}{T_1} + m_2\ln\frac{T}{T_2}\right)$$

$$= c_p\left[m_1\ln\left(\frac{m_1 T_1 + m_2 T_2}{m_1 + m_2} \times \frac{1}{T_1}\right) + m_2\ln\left(\frac{m_1 T_1 + m_2 T_2}{m_1 + m_2} \times \frac{1}{T_2}\right)\right]$$

若两物体的质量相等，即 $m_1 = m_2$，则有 $T = (T_1 + T_2)/2$。

因为

$$(T_1 - T_2)^2 \geqslant 0$$

$$(T_1 + T_2)^2 \geqslant 4T_1 T_2$$

所以

$$\Delta S \geqslant 0$$

8. 卡诺循环的推广

从卡诺可逆循环中得出：可逆卡诺循环过程的热温商之和等于零，即 $\frac{Q_1}{T_1} + \frac{Q_2}{T_2} = 0$。

现在把卡诺可逆循环的结果推广到任意可能循环。

如图 5-5 所示，取一个任意循环过程，通过 P、Q 点作两条绝热线 RS 和 TU，然后在 PQ 间的 A 点画一条低温线 VW，使 $\triangle PVA$ 的面积等于 $\triangle AWQ$ 的面积。折线所经过的过程 $PVAWQ$ 与直接从 P 到 Q 的过程中所做的功相同。因为这两个过程始、终态的内能的变化相同，所以这两个过程的热效应也相同。同理在 $\overset{\frown}{MN}$ 上也可以做类似的处理（即折线 $MXA'YN$ 所经过的过程与由 M 直接到 N 的过程一样，功、内能变化和热效应都相同）。$VWYX$ 构成一个卡诺循环。

现用彼此排列非常接近的一系列绝热线和等温线把整个封闭曲线划分成许多小的卡诺循环，如图 5-6 所示。对每个小的卡诺循环都有下列的关系：

$$\frac{\delta Q_2}{T_2} + \frac{\delta Q_1}{T_1} = 0 \quad \frac{\delta Q_4}{T_4} + \frac{\delta Q_3}{T_3} = 0 \quad \frac{\delta Q_6}{T_6} + \frac{\delta Q_5}{T_5} = 0 \cdots$$

各式相加得

$$\frac{\delta Q_2}{T_2} + \frac{\delta Q_1}{T_1} + \frac{\delta Q_4}{T_4} + \frac{\delta Q_3}{T_3} + \cdots = 0$$

或

$$\sum_i \left(\frac{\delta Q_i}{T_i} \right)_R = 0 \qquad (5-1)$$

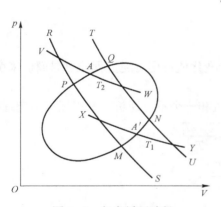

图 5-5 任意循环过程

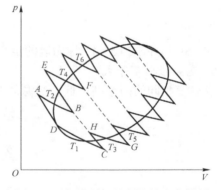

图 5-6 任意循环过程中的小卡诺循环

式（5-1）说明，任意可逆循环热温商的和等于零，即

$$\oint \left(\frac{\delta Q}{T} \right)_R = 0 \qquad (5-2)$$

上例说明，用相同的方法把任意可逆循环分成许多首尾连接的小卡诺循环，前一个循环的等温可逆膨胀线就是下一个循环的绝热可逆压缩线，如图 5-7 所示的虚线部分。这样两个过程的功恰好抵消，从而使众多小卡诺循环的总效应与任意可逆循环的封闭曲线相当。因此，任意可逆循环的热温商的和等于零，或它的循环积分等于零。

假设有一个图 5-7 所示的任意循环过程。体系由状态 A 先经可逆过程（R1）达到状态 B，然后再经可逆过程（R2）由状态 B 回状态 A，则根据以上结论有

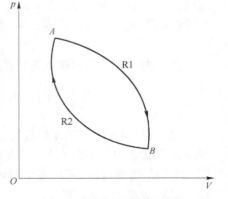

图 5-7 任意可逆循环过程

$$\int_A^B \left(\frac{\delta Q}{T} \right)_{R1} + \int_B^A \left(\frac{\delta Q}{T} \right)_{R2} = 0$$

移项后得

$$\int_A^B \left(\frac{\delta Q}{T} \right)_{R1} = -\int_B^A \left(\frac{\delta Q}{T} \right)_{R2}$$

或

$$\int_A^B \left(\frac{\delta Q}{T} \right)_{R1} = \int_A^B \left(\frac{\delta Q}{T} \right)_{R2}$$

说明任意可逆过程的热温商的值决定于始终状态，而与可逆途径无关，这个热温商具有状态函数的性质。克劳修斯根据可逆过程的热温商值决定于始、终态而与可逆过程无关这一事实定义了"熵"（entropy）这个函数，用 S 表示，单位为 J/K。

$$\Delta S = S_B - S_A = \sum_i \left(\frac{\delta Q_i}{T_i} \right)_R = \int_A^B \left(\frac{\delta Q}{T} \right)_R \tag{5-3}$$

对于发生的微小变化，则可写成

$$dS = \left(\frac{\delta Q}{T} \right)_R \tag{5-4}$$

式（5-3）和式（5-4）称为熵的定义式，即熵的变化值可用可逆过程的热温商值来衡量。

9. 克劳修斯不等式

设温度相同的两个高、低温热源间有一个可逆机和一个不可逆机，则根据卡诺定理有

$$\eta_I = \frac{Q_1 + Q_2}{Q_2} \leqslant \eta_R = \frac{T_2 - T_1}{T_2}$$

即

$$\frac{Q_1 + Q_2}{Q_2} \leqslant \frac{T_2 - T_1}{T_2}$$

得

$$\frac{Q_1}{T_1} + \frac{Q_2}{T_2} \leqslant 0 \tag{5-5}$$

式中，"="代表可逆过程，此时体系的温度等于环境的温度；"<"代表不可逆过程，此时的温度为体系的温度。即可逆过程的热温商之和等于零，不可逆过程热温商之和小于零。

推广为与多个热源接触的任意过程得

$$\sum_i \left(\frac{\delta Q_i}{T_i} \right)_i \leqslant 0 \tag{5-6}$$

设有图 5-8 所示的循环过程。体系经不可逆过程由状态 A 到状态 B，再经可逆过程由状态 B 回到状态 A。因第一步为不可逆过程，所以整个循环过程为不可逆循环过程。则根据式（5-6）有

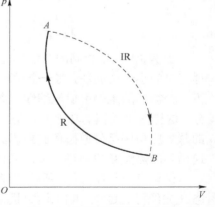

图 5-8 任意不可逆循环过程

$$\sum_A^B \left(\frac{\delta Q_{IR}}{T_{IR}}\right)_{IR} + \sum_B^A \left(\frac{\delta Q_R}{T_R}\right)_R < 0$$

因

$$\sum_B^A \left(\frac{\delta Q_R}{T_R}\right)_R = S_A - S_B = -\Delta S$$

所以

$$\Delta S - \sum_A^B \left(\frac{\delta Q_{IR}}{T_{IR}}\right)_{IR} > 0 \tag{5-7}$$

对于微小变化：

$$dS - \frac{\delta Q}{T} \geq 0 \quad \text{或} \quad dS \geq \frac{\delta Q}{T} \tag{5-8}$$

式（5-7）和式（5-8）称为克劳修斯不等式，也是热力学第二定律的数学表达式。

三、熵增与熵变原理

1. 熵函数的熵增与熵变

对于绝热体系，

因为

$$\delta Q = 0$$

所以

$$dS(\text{绝热}) \geq 0$$

上式表明，在绝热条件下，不可能发生熵减少的过程。此原理称为熵增加原理。

如果是一个孤立体系，环境与体系间既无热的交换，又无功的交换，则熵增加原理可表述为，**一个孤立体系的熵永不减少**。

对熵函数应有如下的理解：

① 熵的实质是能量转化为无效部分的量度，即一种在动力学方面不能做功的能量总数。

② 熵值总是和物质内部较有秩序的结构相联系。对同一物质而言，气态时最高，液态较高，固态熵值最小，即

$$S_m(\text{固态}) > S_m(\text{液态}) > S_m(\text{气态})$$

③ 对同一聚集态来说，温度升高，热运动增加，系统的混乱度增大，熵值也随之变大。对于气体物质，压力降低时，体积增大，粒子在较大空间里运动，将更为混乱。故有

$$S(\text{高温}) > S(\text{低温}); S(\text{低压}) \gg S(\text{高压})$$

④ 对不同物质，熵值大于否与其组成和结构有关。一般说，粒子越大，结构越复杂，其运动情况也越复杂，混乱度就大，熵值也越大：

$$S(\text{复杂分子}) > S(\text{简单分子}); S(\text{混合物}) > S(\text{纯物质})$$

⑤ 在热力学温度为零度（0K）时，物质的完整晶体只有一种可能的微观状态，与此相应的熵值应当为零，即 S_0（0K，完整晶体）=0。

⑥ 任意物质的熵变（ΔS）就是该物质在热力学温度 T 时的熵值。换言之，在任意温度下，任何物质都有一确定的熵值。这和前面介绍的热力学能（U）和焓（H）是不同的，热力学能和焓的绝对数值无法求得，而物质的熵则有具体数值。

⑦ 熵是体系的状态函数，是容量性质。熵变数值与体系的始终态有关，与变化的途径无关。

⑧ 体系的始终态一定时，体系的熵变ΔS有确定的值，其数值可由可逆过程的热温商求得。

⑨ 对于含有若干子系统的体系，整个体系的熵变等于各部分熵变的总和。

⑩ 体系从始态经不可逆过程到终态，过程的热温商之和小于体系的熵变ΔS。

⑪ 对于任意的不可逆过程，体系的始终态确定之后，熵变有确定的值，只是不能用不可逆过程的热温商求算ΔS。必须在始终态之间设计一个可逆过程，通过此可逆过程的热温商来计算不可逆过程的熵变。

⑫ 可逆绝热过程的熵不变，不可逆绝热过程的熵则增加。

⑬ 不可逆绝热过程向熵增加的方向进行，当达到平衡时，熵值达到最大值。

⑭ 在孤立体系中，若发生一个不可逆变化（这样条件下的不可逆变化必定是个自发的变化）则$\Delta S>0$，体系的熵一定增加。若一个孤立体系已达到平衡态，则再发生任何过程都是可逆的。

2. 熵变及应用

熵变等于可逆过程的热温商，体系经历一个热力学变化过程中熵变计算的最基本的公式为

$$\Delta S = \int_A^B \left(\frac{\delta Q_R}{T} \right)$$

如果某过程不可逆，则利用ΔS与途径无关，在始态与终态之间设计可逆过程进行计算。根据熵增原理，有

$$\Delta S (总) = \Delta S (体系) + \Delta S (环境) \geqslant 0$$

$\Delta S (总)>0$，则过程为自发；$\Delta S (总)=0$，则说明体系已达到平衡。

不论实际进行的是可逆过程还是不可逆过程，环境的熵变总是用体系实际热量变化来计算。而环境的熵变由$\mathrm{d}S_{环境} \geqslant \dfrac{\delta Q_{环境}}{T}$计算，这是由于环境是一个大的热源，热量的交换不会引起其体积变化、相变化或化学变化，可认为热量传递是可逆地进行的。

（1）单纯p、V、T变化（无相变，无化学反应，$W'=0$）

$$\Delta S = \int_A^B \left(\frac{\delta Q_R}{T} \right) = \int_A^B \frac{\mathrm{d}U + p\mathrm{d}V}{T}$$

在上式的第二个等式中并不要求过程是否可逆，因为U、V均为状态函数，只要始、末态一定，$\mathrm{d}U$、$\mathrm{d}V$的值是一定的。

1）等温过程的熵变。

等温过程中$\Delta S = \left(\dfrac{Q}{T} \right)_R$，理想气体等温变化，因理想气体等温变化过程中$\Delta U=0$，所以有

$$Q = -W = nRT \ln\left(\frac{V_2}{V_1} \right) = nRT \ln\left(\frac{p_1}{p_2} \right)$$

所以

$$\Delta S = nR \ln\left(\frac{V_2}{V_1} \right) = nR \ln\left(\frac{p_1}{p_2} \right) \tag{5-9}$$

【例5-1】1mol 理想气体在等温下通过可逆膨胀和真空膨胀，使体积增加到原来的 10 倍，

分别求其熵变。

解：i）等温可逆膨胀。

因等温过程中，体系的温度等于环境的温度，所以

$$\Delta S(体系) = -\Delta S(环境) = nR\ln\left(\frac{V_2}{V_1}\right)$$

$$= 1\times 8.314\times\ln\left(\frac{10V_1}{V_1}\right)$$

$$= 19.14\ (J\cdot K^{-1})$$

$$\Delta S(总) = \Delta S(体系) + \Delta S(环境) = 0$$

所以，该过程为可逆过程。

ii）真空膨胀。

熵是状态函数，始终态相同，体系熵变也相同，所以

$$\Delta S(体系) = 19.14J\cdot K^{-1} > 0$$

所以，过程 ii 为不可逆过程。又因理想气体向真空膨胀，体系为孤立体系，环境没有熵变，故有

$$\Delta S(总) = \Delta S(体系) = 19.14J\cdot K^{-1}$$

● 等温等压的可逆相变（若是不可逆相变，应设计可逆过程），$\Delta S(相变) = \left(\dfrac{\Delta H(相变)}{T(相变)}\right)$

【例 5-2】1mol H_2O（L）在标准压力 p_0 下与 373.2K 的大热源接触而挥发为水蒸气，吸热 40.62kJ，求该相变过程中的熵变。

解：因为该过程在 H_2O 正常沸点时发生的等温等压下发生的，所以为可逆相变过程。过程的流程图为 1mol H_2O（L，p_0，373.2K）→1mol H_2O（G，p_0，373.2K）

在相变过程中，体系得失热量时，可以认为环境是以可逆的方式得失热量的。因为环境比体系大得多，所以当体系发生变化时，环境的温度不变，所以有

$$\Delta S(体系) = \left(\frac{Q}{T}\right)_R = \frac{40620}{373.2} = 108.8\ (J\cdot K^{-1})$$

● 理想气体（溶液）的等温混合过程，并符合分体积定律。

$$\Delta S_{mix} = -R\sum_B n_B\ln x_B$$

式中，n_B 为物质 B 的摩尔数；x_B 为混合物中组分 B 的摩尔分数，即 $x_B = \dfrac{V(B)}{V(总)}$。

【例 5-3】设在 273K 时，将一个 22.4L 的盒子用隔板从中间隔开。一边放 0.5mol O_2，另一边放 0.5mol N_2，抽去隔板后，两种气体均匀混合。求该过程中的熵变。

0.5mol O_2	0.5mol N_2		0.5mol O_2+0.5mol N_2
273K，11.2L	273K，11.2L	→	273K，22.4L

解法 1：

$$\Delta S(O_2) = nR \ln \frac{V_2}{V_1} = 0.5R \ln \frac{22.4}{11.2}$$

$$\Delta S(N_2) = 0.5R \ln \frac{22.4}{12.2}$$

$$\Delta S_{mix} = \Delta S(O_2) + \Delta S(N_2) = R \ln \frac{22.4}{11.2} = R \ln 2$$

$$= 5.763 \ (J \cdot K^{-1}) > 0$$

解法 2：

$$\Delta S_{mix} = -R \sum_{B} n_B \ln x_B$$

$$= -R \left[n(O_2) \ln \frac{1}{2} + n(N_2) \ln \frac{1}{2} \right]$$

$$= -R \left[0.5mol \ln \frac{1}{2} + 0.5mol \ln \frac{1}{2} \right]$$

$$= R \ln 2$$

$$= 5.763 \ (J \cdot K^{-1}) > 0$$

因此，以上气体的混合过程为不可逆自发过程。

2）变温过程的熵变

① 物质的量一定的等容变温过程有

$$\Delta S = \int_{T_1}^{T_2} \frac{nc_{V,m}}{T} dT$$

【例 5-4】 1mol 金属银在等容下由 273.2K 加热到 303.2K，求ΔS。已知在该温度区间 $c_{V,m}$（Ag）=24.48J·K^{-1}·mol^{-1}。

解：

$$\Delta S = \int_{T_1}^{T_2} \frac{nc_{V,m}}{T} dT = nc_{V,m} \ln \frac{T_2}{T_1}$$

$$= 1 \times 24.48 \times \ln \frac{303.2}{273.2}$$

$$= 2.531 \ (J \cdot K^{-1})$$

② 物质的量一定的等压变温过程。

对于等压过程，无论过程可逆与否：

因为

$$\delta Q_p = nc_{p,m} dT$$

设 $c_{p,m}$ 为一常数，则有

$$\Delta S = \int_A^B \left(\frac{\delta Q_R}{T} \right) = \int_{T_1}^{T_2} \frac{nc_{p,m}}{T} \mathrm{d}T = nc_{p,m} \ln \frac{T_2}{T_1}$$

等容过程，无论过程可逆与否。

因为
$$\delta Q_V = nc_{V,m} \mathrm{d}T \text{（设 } c_{V,m} \text{ 为一常数）}$$

所以
$$\Delta S = \int_A^B \left(\frac{\delta Q_R}{T} \right) = \int_{T_1}^{T_2} \frac{nc_{V,m}}{T} \mathrm{d}T = nc_{V,m} \ln \frac{T_2}{T_1}$$

对 p、V、T 均改变的过程，ΔS 的计算公式为

$$\Delta S = nR \ln \frac{p_1}{p_2} + nc_{p,m} \ln \frac{T_2}{T_1} = nc_{p,m} \ln \frac{V_2}{V_1} + nc_{V,m} \ln \frac{p_2}{p_1}$$

这种情况一步无法计算，要分两步计算。有三种分步方法：

a）先等温后等容
$$\Delta S = nR \ln \left(\frac{V_2}{V_1} \right) + \int_{T_1}^{T_2} \frac{nc_{V,m}}{T} \mathrm{d}T$$

b）先等温后等压
$$\Delta S = nR \ln \left(\frac{p_1}{p_2} \right) + \int_{T_1}^{T_2} \frac{nc_{p,m}}{T} \mathrm{d}T$$

c）先等压后等容
$$\Delta S = nc_{p,m} \ln \left(\frac{V_2}{V_1} \right) + nc_{V,m} \ln \left(\frac{p_2}{p_1} \right)$$

没有相变的两个恒温热源之间的热传导，有

$$\Delta S = \Delta S(T_1) + \Delta S(T_2) = Q \left(\frac{1}{T_2} - \frac{1}{T_1} \right)$$

没有相变的两个变温物体之间的热传导，首先要求出终态温度 T：

$$T = \frac{(C_1 T_1 + C_2 T_2)}{C_1 + C_2}$$

$$\Delta S = \Delta S_1 + \Delta S_2 = C_1 \ln \frac{T}{T_1} + C_2 \ln \frac{T}{T_2}$$

3）混合过程的熵变

两种气体混合是不可逆过程，可设计一个在等温、等压环境下进行的可逆过程。如对 A、B 两种气体进行混合，则有

$$\Delta S_{\mathrm{mix}} = \Delta S_A + \Delta S_B = n_A R \ln \frac{V_A + V_B}{V_A} + n_B R \ln \frac{V_A + V_B}{V_B}$$

$$\Delta S_{\mathrm{mix}} = -R \sum_B n_B \ln x_B$$

可以推出：混合过程 $\Delta S_{\mathrm{mix}} > 0$，说明此混合过程是一个自发过程。

4）相变化过程的熵变

① 可逆相变化：在一定温度及该温度所对应的平衡压力下的相变过程。

因为可逆相变在等温等压下进行，所以 $\Delta S = \left(\frac{\Delta H}{T} \right)_{相变}$。

同一物质气、液、固三态的熵值：$S_m(气) < S_m(液) < S_m(固)$

② 不可逆相变过程：需运用状态函数法，在给定的始、末态之间设计一个新的过程求算原过程的 ΔS。

5）化学过程的熵变

① 标准压力下，298.15K 时，各物质的标准摩尔熵值有表可查。根据化学反应计量方程，可以计算反应进度为 1mol 时的熵变值：

$$\Delta_r S_m^0 = \sum_B v_B S_m^0(B)$$

② 在标准压力下，求反应温度 T 时的熵变值。298.15K 时的熵变值从查表得到：

$$\Delta_r S_m^0(T) = \Delta_r S_m^0(298.15K) + \int_{298.15}^{T} \frac{v_B c_{p,m}(B)}{T} dT$$

③ 在 298.15K 时，求反应压力为 p 时的熵变。标准压力下的熵变值查表可得

$$\Delta_r S_m(p) = \Delta_r S_m^0(p^0) + \int_{p_0}^{p} \left(\frac{\partial V}{\partial T}\right) dp$$

④ 从可逆电池的热效应或从电动势随温度的变化率求电池反应的熵变：

$$\Delta_r S_m = \frac{Q_R}{T} = zF\left(\frac{\partial E}{\partial T}\right)_p$$

6）环境的熵变

① 任何可逆变化时环境的熵变为

$$dS(环境) = \frac{\delta Q_R(环境)}{T(环境)}$$

② 体系的热效应可能是不可逆的，但由于环境很大，对环境可看作是可逆热效应

$$dS(环境) = -\frac{\delta Q_R(体系)}{T(环境)}$$

四、㶲参数的基本概念、热量㶲

㶲和炻这两个字比较特殊，在字典中并未记录，但它们在热力学学科中非常重要，形象地说明了 exergy（㶲，可转换的能量）和 anergy（炻，不可转换能量）。

1. 能量的可转换性

热力学第一定律把各种不同形式能量的数量联系了起来，说明不同形式的能量可以相互转换，且在转换中数量守恒。热力学第二定律进一步指出，不同形式的能量的品质是不相同的，表现为转换成功的能力不同，即各类形态能量相互转换具有明显的方向性，如机械能、电能等可全部转化为热能，理论上转换效率接近 100%。这类可无限转换的能量称为㶲（exergy），如机械能全部为㶲。因而，习惯上将"有用功"作为"可无限转换的能量"的同义词。但是，反方向地将热能转换为机械能、电能等，却不可能全部转换，转换能力受到热力学第二定律的制约。因此，从技术使用和经济价值角度，㶲品位（质量）更高，更为宝贵。同时热量本身也有质量的差别，在高于（或低于）环境温度的物体提供的热量中，部分可转换为机械能。

以其为高温热源，环境为低温热源，通过可逆机作为有用功（循环净功），这是技术上可以实现转换的最大量。这类热机属可有限转换能量热机。当供热体温度越高，㶲质量也越高。

地球表面的大气、海水、河水是一个温度基本恒定的大热库，有着巨大的热能（热力学能），由于单一热源提供的热量不能连续做功，由它们提供的热量无法转变为机械能，是不可转换能量，称其为炕（anergy）。除能量具有做功能力，热力系中工质及物质流也具有做功能力。如与环境处于热力不平衡的闭口系统，当它与环境发生作用，可逆地变化到与环境平衡时，可做出最大的有用功，称为闭口系统工质的热力学能用。又如，与环境处于热力不平衡的一定量的流动工质，通过稳流热力系统，在只与环境发生作用的条件下可逆地变化到与环境平衡时，做出的最大有用功则为稳流工质的㶲。此外，热力系统与环境间存在化学势、浓度、电磁场等其他力场不平衡时，系统也具有做功能力。这里所谓的环境指一种抽象的环境，它具有稳定的 p_0、T_0 及确定的化学组成，任何热力系统与其交换热量、功量和物质，它都不会改变。

热力学定义：在环境条件下，能量中可转化为有用功的最高成分称为该能量的㶲。另一种说法是，热力系统只有与环境相互作用，从任意状态可逆地变化到与环境相平衡的状态时，做出的最大有用功称为热力系统的㶲。而在环境下不可能转化为有用功的那部分能量称为炕。

任何能量（E）都由㶲（Ex）及炕（An）两部分组成，即

$$E = Ex + An$$

对于可无限转换的能量，$An = 0$，如机械能、电能全部是㶲，$Ex = E$；对于不可转换的能量，$Ex = 0$，如环境介质中热能全部为炕。不同形态的能量或物质，处于不同的状态时包含的㶲和炕的比例各不相同。㶲参数的引入，为评价能量的"量"和"质"提供了统一的度量，由此建立的热系统的㶲平衡法分析法，结合热力学第一、第二定律，比起由热力学第一定律得出的量平衡法更科学、更合理。㶲平衡法为热系统的经济分析提供了热力学基础。

2. 热量㶲和冷量㶲

（1）热量㶲

温度为 T_0 的环境条件下，系统（$T > T_0$）所提供的热量中可转化为有用功的最大值是热量㶲，用 $E_{x,Q}$ 表示。设以环境为冷源，系统为热源，它是变温热源。如图 5-9 所示，设想有一系列微元卡诺机在它们之间工作。一卡诺循环做出的微元净功，即系统提供的热量 δQ 中的热量㶲 $E_{x,Q}$ 为

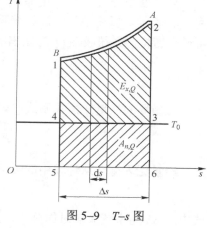

图 5-9 T-s 图

$$\delta E_{x,Q} = \left(1 - \frac{T_0}{T}\right)\delta Q \qquad \eta_t = \frac{\delta W}{\delta Q_2} = \left(1 - \frac{T_0}{T}\right)$$

则热量为

$$\delta A_{n,Q} = \delta Q - \delta E_{x,Q} = \frac{T_0}{T}\delta Q$$

Q 的热量㶲为循环工质对过程积分，即

$$E_{x,Q} = \int_1^2 \left(1 - \frac{T_0}{T}\right) \delta Q = Q - T_0 \int_1^2 \frac{\delta Q}{T}$$

对于可逆过程而言：

$$\mathrm{d}S = \frac{\delta Q}{T}$$

因此

$$E_{x,Q} = Q - T_0 \Delta S$$

$$A_{n,Q} = Q - E_{x,Q} = T_0 \Delta S$$

在 $T-s$ 图上，过程 $A-B$ 表示系统的供热过程，$A-B$ 下面的面积代表热量 Q，则可逆机的循环净功面积（S_{12341}）表示热量㶲 $E_{x,Q}$；排向环境的热量，即面积 S_{34563} 表示热量㶲 $A_{n,Q}$。显然，同样大小的热量，供热温度越高，则 ΔS_{1-2} 越小，$A_{n,Q}$ 越小，$E_{x,Q}$ 越大；而与环境温度相同的系统所放出的热量，则不具有热量㶲。

若系统以恒温 T 供热，则相应的热量㶲和热量㶲为

$$E_{x,Q} = Q - T_0 \Delta S$$

$$A_{n,Q} = T_0 \frac{Q}{T} = T_0 \Delta S$$

热量㶲是过程量，环境状态一定时还与系统供热温度变化规律有关。热量㶲是能量本身的属性，由于 $T > T_0$，$E_{x,Q}$ 与 Q 方向相同，系统放出热量 Q 的同时也放出了热量㶲。

（2）冷量㶲

温度低于环境温度 T_0 的系统（$T < T_0$），吸入热量 Q_0 时做出的最大有用功称为冷量㶲，用 E_{x,Q_0} 表示。以简单的恒温系统吸热为例，这时以环境为热源，系统为冷源，其间设想有一可逆卡诺机，系统吸热 Q_0 时做出的最大有用功称为冷量㶲，即

$$E_{x,Q_0} = \left(1 - \frac{T}{T_0}\right) Q$$

将循环的能量守恒关系式 $Q = E_{x,Q_0} + Q$ 代入上式得

$$E_{x,Q_0} = \left(\frac{T_0}{T} - 1\right) Q_0 = T_0 \Delta S - Q_0$$

冷量㶲为循环从环境中的吸热量，即

$$A_{n,Q_0} = T_0 \Delta S$$

式中，ΔS 为系统吸热时的熵变，因而得出：

$$Q_0 = -E_{x,Q_0} + A_{n,Q_0}$$

在 $T-s$ 图上（图 5-10a），冷量㶲为面积 S_{12541}，冷量㶲为面积 S_{54563}，因 $T < T_0$ 可知，E_{x,Q_0} 与 Q_0 方向相反，即系统吸热时放出冷量㶲（系统的㶲减少），利用它对外做功；系统放热，则得到冷量㶲（系统㶲增加），这时外界提供最小有用功。通常，要使制冷系统中冷库温度降低并维持低温，必须从系统取出热量（或者说得到冷量），而（环境以外的）外界必须提供最

小有用功，因而有冷量㶲之称。

图 5-11 给出了 $\dfrac{E_{x,Q_0}}{Q}(T>T_0)$ 时或 $\left|\dfrac{E_{x,Q_0}}{Q}\right|(T<T_0)$ 时与温度 T（$T=298\mathrm{K}$）的关系。由图 5-11

可知，$T=T_0$ 时，$\dfrac{E_{x,Q_0}}{Q}=0$，热量㶲为零；$T>T_0$ 时，$\dfrac{E_{x,Q_0}}{Q}$ 随着 T 的增加而增大，并且变化逐

渐平缓；$T\to\infty$ 时，$\dfrac{E_{x,Q_0}}{Q}\to1$，但永远小于 1，因为热量不可能 100% 地转化为有用功；$T<T_0$

时，随着 T 的减小，$\left|\dfrac{E_{x,Q_0}}{Q}\right|$ 增大。在 $\dfrac{1}{2}T_0<T<T_0$ 范围内，$\left|\dfrac{E_{x,Q_0}}{Q}\right|<1$，冷量㶲数量上小于热量；

但当 $T<\dfrac{1}{2}T_0$ 后，$\left|\dfrac{E_{x,Q_0}}{Q}\right|>1$，并随着 T 的减小而急剧增大。这意味着冷量㶲数值上大于热量本

身。冷量㶲更珍贵，超低温系统可以获得很大的有用功。

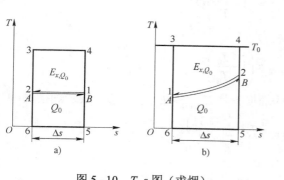

图 5-10　T-s 图（求㶲）

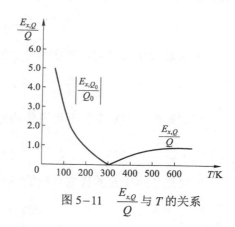

图 5-11　$\dfrac{E_{x,Q}}{Q}$ 与 T 的关系

对于 $T<T_0$ 的变温系统，取微元卡诺循环，采用与 $T>T_0$ 的变温系统类同的方法，可以导出冷量㶲：

$$E_{x,Q_0}=\int_Q^{Q_0}\left(\frac{T_0}{T}-1\right)\delta Q$$

3. 孤立系统中熵增与㶲损失，能量贬值原理

体系的㶲值是指处于环境条件下经完全可逆过程过渡到与环境平衡时所做出的有用功，这时它的做功能力最大。孤立系统中出现任何不可逆循环或不可逆过程时，机械能必然损失，体系的做功能力降低，或者说必然有㶲损失，有无增量。不可逆程度越严重，做功能力降低越多，㶲损失越大。因此㶲损（无增）可以作为不可逆尺度的又一个度量。孤立系统熵增原理表明：孤立系内发生任何不可逆变化时，孤立系的熵必增大。可见，孤立系的熵增和㶲损失必然有内在联系。

下面采用从特殊到一般的方法，以工程中普遍存在的孤立系统中发生不可逆传热引起体系熵增和㶲损失为例进行分析。设有两个恒温体系 A 和 B（$T_A>T_B$），如图 5-12 所示。

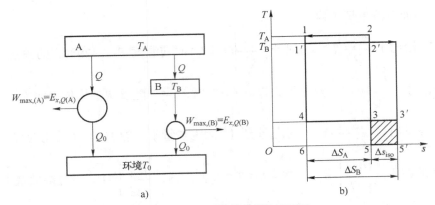

图 5-12 孤立系统的熵增与㶲损失

根据热量用的定义，以 A 为热源，环境为冷源，其间工作的可逆机做出的最大循环净功 $W_{\max,(A)}$ 即体系 A 放出热量 Q 中的热量㶲，即

$$E_{x,Q(A)} = W_{\max(A)} = \left(1 - \frac{T_0}{T_A}\right)Q$$

体系 B 放出热量 Q，则它所释放的热量㶲为

$$E_{x,Q(B)} = W_{\max(B)} = \left(1 - \frac{T_0}{T_B}\right)Q$$

孤立系统中因发生了不可逆传热而引起的㶲损失是 $E_{x,Q(A)} - E_{x,Q(B)}$，以 I 表示㶲损失：

$$I = E_{x,Q(A)} - E_{x,Q(B)} = T_0\left(\frac{1}{T_B} - \frac{1}{T_A}\right)Q$$

不可逆传热引起的孤立系统的熵增大为

$$\Delta S_{\mathrm{iso}} = \Delta S_B + \Delta S_A = \frac{Q}{T_B} - \frac{Q}{T_A} > 0$$

又　因为　　　　　　　　　　　　　　　$\Delta S_{\mathrm{iso}} = S_g$

所以有　　　　　　　　　　　　　　　$I = T_0\Delta S_{\mathrm{iso}} = T_0 S_g$

上式称为 G-S 公式。它表明：环境温度 T_0 一定时，孤立系统㶲损失与其熵增成正比。

G-S 公式虽然由特例导出，但 G-S 公式是个普适公式，适用于计算任何不可逆过程引起的㶲损失，不只限于孤立系，也适用于开口系统或闭口系统。

图 5-12b 所示的 $T-s$ 图上，㶲损失以图中阴影部分面积 $S_{33'5'53}$ 表示。由于 $T_A > T_B$，体系 A 放热，$\Delta S_A = -\frac{Q}{T_A} < 0$，图中用线段 5-6 表示；体系 B 吸热 $\Delta S_B = \frac{Q}{T_B} > 0$，为线段 6-5'。因此，5-5' 表示孤立系的熵增 ΔS_{iso}，矩形面积 $S_{33'5'53}$ 表示㶲损失 $T_0\Delta S_{\mathrm{iso}}$，又因为 $E_{x,Q(A)} + A_{n,Q(A)} = E_{x,Q(B)} + A_{n,Q(B)} = Q$ 或 $A_{n,Q(A)} - A_{n,Q(B)} = E_{x,Q(B)} + E_{x,Q(A)}$

这表明孤立系统中的㶲损失等于烷增，烷增也可以面积 $S_{33'5'53}$ 表示。

由此可见，热量 Q 由 A 传入 B，热量并未减少，但是 Q 中的热量㶲减少了，热量的"质量"降低了，称为能量贬值。在孤立系统中进行热力过程时，㶲只会减小不会增大，极限情况时（可逆过程）㶲保持不变，这就是能量贬值原理，即

$$dE_{x,\text{iso}} \leqslant 0$$

由于实际过程总有某种不可逆因素，能量中的一部分㶲将不可避免地退化为㶲，而且一旦退化㶲就再也无法转变为㶲，因而㶲损失是真正意义上的损失。减少㶲损失（有限度地）是合理㶲能及节能的指导方向。

【例 5-5】有温差传热的不可逆过程，将 $p_1 = 0.1\text{MPa}$、$t_1 = 250℃$ 的空气定压冷却到 $t_2 = 80℃$，求单位质量空气放出热量的㶲值为多少？环境温度为 $27℃$，若将比热量全部放给环境，则㶲损失为多少？将热量的㶲值及㶲损失表示在 $T-s$ 图上 $\left[c_p = 1004\text{J/（kg·K）} \right]$。

解：（1）放出热量中的㶲值为

$$e_{x,Q} = \int_{T_1}^{T_2} \left(1 - \frac{T_0}{T}\right)\delta q = \int_{T_1}^{T_2} \left(1 - \frac{T_0}{T}\right) c_p \mathrm{d}T$$

$$= c_p(T_2 - T_1) - T_0 \cdot c_p \ln \frac{T_2}{T_1}$$

$$= 1004 \times \left[(273-80) - (273+353) - (273+27) \times \ln \frac{(273+80)}{(273+353)} \right]$$

$$= -52.27 \text{（kJ/kg）}$$

式中，负号表示放出㶲。

（2）将此热量全部放入环境，则热量中有㶲全部损失，即

$$I = \left| e_{x,Q} \right| = 52.27 \text{（kJ/kg）}$$

另取空气和环境组成孤立系，则有

$$\Delta s_{\text{iso}} = \Delta s_{\text{air}} + \Delta s_{\text{sur}}$$

$$= \left(c_p \ln \frac{T_2}{T_1} - R_g \ln \frac{p_2}{p_1} \right) + \frac{|q|}{TT_0}$$

$$= c_p \ln \frac{T_2}{T_1} + \frac{c_p(T_2 - T_1)}{T_0}$$

$$= 1004 \times \ln \frac{(273+80)}{(273+353)} + \frac{1004 \times (80-353)}{(273+27)}$$

$$= 174.2 \text{（J/kg·K）}$$

$$I = T_0 \Delta s_{\text{iso}} = 300 \times 174.2 = 52.27 \text{（kJ/kg）}$$

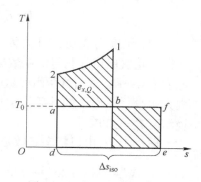

图 5-13　在 $T-s$ 图中表示㶲

（3）在 $T-s$ 图上面积 S_{12ab1} 表示㶲；

面积 S_{bdefb} 表示㶲损失。

【例 5-6】扩散、混合过程：工质向真空扩散，不同工质的混合过程或不同状态的同一工质的混合等都是不可逆过程，要它们恢复原状都要付出代价。

（1）刚性绝热容器由隔板分为两部分，各储存 1mol 空气，初态参数如下所示。现将隔板抽去，求混合后的参数及混合引起的有效能损失 I。设大气环境温度 $T_0 = 300\text{K}$。

解： 容器的体积为

$$V_1 = \frac{n_1 R T_1}{p_1} = \frac{1 \times 8.314 \times 500}{200 \times 10^3} = 2.079 \times 10^{-2} \ (\text{m}^3)$$

$$V_2 = \frac{n_2 R T_2}{p_2} = \frac{1 \times 8.314 \times 800}{300 \times 10^3} = 2.217 \times 10^{-2} \ (\text{m}^3)$$

$$V = V_1 + V_2 = 4.296 \times 10^{-2} \ (\text{m}^3)$$

空 气	空 气
$p_1 = 200\text{kPa}$	$p_1' = 300\text{kPa}$
$T_1 = 500\text{K}$	$T_1' = 800\text{K}$
$n = 1\text{mol}$	$n = 1\text{mol}$

混合后的温度，由闭口系统能量方程 $Q = W_i + \Delta U$ 及 $Q = 0$、$W_i = 0$ 得

$$\Delta U = 0$$

即

$$n_1 c_{v,m} (T_2 - T_1) + n_1' c_{v,m} (T_2 - T_1') = 0$$

因为

$$n_1 = n_1' \qquad c_{v,m} = c_{v,m}$$

所以

$$T_2 = \frac{T_1 + T_1'}{2} = 650 \ (\text{K})$$

混合后压力：

$$p_2 = \frac{n_2 R T_2}{V_2} = \frac{1 \times 8.314 \times 650}{4.296 \times 10^{-2}} = 251.6 \times 10^3 \ (\text{Pa})$$

混合后的熵产：

$$S_g = \Delta S_{iso} = n_1 \left(c_{p,m} \ln \frac{T_2}{T_1} - R \ln \frac{p_2}{p_1} \right) + n_1' \left(c_{p,m} \ln \frac{T_2}{T_1'} - R \ln \frac{p_2}{p_1'} \right)$$

$$= 1 \times \left(\frac{7}{2} \times 8.314 \times \ln \frac{650}{500} - 8.314 \times \ln \frac{251.6}{200} \right) + 1 \times \left(\frac{7}{2} \times 8.314 \times \ln \frac{650}{800} - 8.314 \times \ln \frac{251.6}{300} \right)$$

$$= 1.147 \ (\text{J/K}) > 0$$

则有效能损失 I 等于㶲损失

$$I = T_0 \Delta S_{iso} = T_0 S_g = 300 \times 1.147 = 344.1 \ (\text{J})$$

（2）温度为 800K、压力为 5.5MPa 的燃气轮机，在燃气轮机内绝热膨胀后流出燃气轮机。在燃气轮机出口处测得两组数据，一组压力为 1.0MPa，温度为 485K；另一组压力为 0.7MPa，温度为 495K。试问这两组参数哪一个是正确的？此过程是否可逆？若不可逆，其做功能力损失为多少？［燃气的性质按空气处理，空气 $c_p = 1004 \text{ J/}(\text{kg} \cdot \text{K})$，$R_g = 287 \text{ J/}(\text{kg} \cdot \text{K})$，环境温度 $T_0 = 300\text{K}$］

解： ① 若出口状态参数是第一组，则绝热稳流过程的熵产为

$$\Delta S_g = \Delta s = c_p \ln \frac{T_2}{T_1} - R \ln \frac{p_2}{p_1} = 1004 \times \ln \frac{485}{800} - 287 \times \ln \frac{1.0}{5.5} = -13.20 \ [\text{J/}(\text{kg} \cdot \text{K})] < 0$$

显然这组数据是不正确的，因为此热过程中 $\Delta S_g < 0$

第二组数据：

$$\Delta S_g = \Delta s = c_p \ln \frac{T_2}{T_1} - R \ln \frac{p_2}{p_1} = 1004 \times \ln \frac{495}{800} - 287 \times \ln \frac{0.7}{5.5} = 109.7 \ [\text{J/}(\text{kg} \cdot \text{K})] > 0$$

显然第二组参数是正确的。

② 其做功能力损失为

$$I = T_0 \Delta S_g = 300 \times 109.7 = 32.91 \quad (\text{kJ/K})$$

本章专题讨论

【**案例**】在绝热箱（图 5-14）中，用透热板把箱子隔成两部分，左边装热水，右边装冷水（即 $T_1 > T_2$），一定时间以后，热水变冷，冷水变热，直至两边温度相等。表明能量能自发地由温度较高的热水传给温度较低的冷水，这个过程不需要外力帮助就能自发地进行，当然也不违反热力学第一定律。其相反过程，即冷水自动地把一部分能量以热的形式传递给热水，使冷水温度更低，热水温度更高，甚至产生冷水结冰、热水沸腾

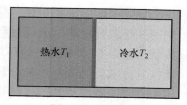

图 5-14　绝热箱

现象，这个过程也不违反热力学第一定律（冷水失去的热量全部被热水吸收）。但实践经验告诉我们，这样的过程是不可能自发进行的。

这说明，过程进行有一个方向问题，不违反第一定律的过程并不都是可以自发进行的。究竟什么样的过程可以自发进行？对于一个化学反应，在一定条件下向哪个方向进行？能进行到什么程度？显然这些问题不是第一定律能解决的。解决过程进行的方向与限度问题需用热力学第二定律。这就是本章要学的内容。反应进行的方向和限度在实际生产中具有很重要的意义，例如：C（石墨）→C（金刚石）

本章将从分析自发过程的特点与内在联系出发→归纳得到一切自发过程都是热功转换的不可逆过程的结论，总结出热力学第二定律→结合蒸汽机研究，寻找自发过程的判据，由卡诺循环和卡诺定理引出熵函数→以熵和熵增加原理作为判断自发过程的依据→对等温等压、等温等容过程引入自由能 G 和功函数 F→应用到多组分体系，还引入了偏摩尔量、化学势。

专题：自发变化的共同特征——不可逆性

自发变化是指能够自动发生的变化，即不需要外力帮助（不去管它，任其自然）就可发生的变化。由于自发过程在适当条件下可以对外做功（如水力发电、电池），而非自发过程则必须依靠外力，即环境要消耗功才能进行，因此人们对自发过程感兴趣。对自发过程的研究奠定了热力学第二定律的基础。

自然界中的许多变化都是自发的。例如：

i　热量：高温 T_1 $\xrightleftharpoons[\Delta T > 0 \text{不能自发进行}]{\text{自发能量传递}}$ 低温 T_2，自发方向：$\Delta T < 0$，限度：$\Delta T = 0$；

ii　气体：高压 p_1 $\xrightleftharpoons[\Delta p > 0 \text{不能自发进行}]{\text{自发流向}}$ 低压 p_2，自发方向：$\Delta p < 0$，限度：$\Delta p = 0$；

iii　水：高处 h_1 $\xrightleftharpoons[\Delta h > 0 \text{不能自发进行}]{\text{自发流向}}$ 低处 h_2，自发方向：$\Delta h < 0$，限度：$\Delta h = 0$；

iv　电流从高电位流向低电位，极限是电位相同；

v　扩散过程从高浓度向低浓度，最后浓度相同；

vi　化学反应向化学势低的方向进行，直至平衡。

从这些例子，我们可以看出，自发变化的共同特征：

① 自发过程都是单方向、有限度的。自发过程的方向都是向平衡状态方向，极限是该条

件下体系的平衡状态。例如，热量从高温物体流向低温物体，最后达到热平衡；气体从高压区流向低压区，极限是压力平衡。上述自发过程都有此特点，它们的反过程都不能自发实现。

② 自发过程都是不可逆的。上述自发过程的逆过程都不能自发进行，但不是不能进行。如借助外力，则环境做功均可实现，但却会对环境留下不可消除的影响。

例如：用制冷机可使热量由低温物体传至高温物体，体系可复原，但环境不能复原；真空膨胀是自发过程，其反过程等温压缩是不能自发进行的，借助外力压缩气体可使气体恢复原状（$\Delta U = Q - W = 0$），但环境做了功并发生了功转变为热的变化（得热量$|Q| = |W|$）。要使环境恢复原状，必须把这部分热从环境（单一热源）取出来使之全部变为功，但实际上要完成这个过程而不产生其他变化是不可能的。

如图 5-15 所示，左边循环：$W_1 = 0$，$W_2 = p_e \Delta V = p^{\theta} \left(\dfrac{nRT}{p^{\theta}} - \dfrac{nRT}{0.5 p^{\theta}} \right) = -RT$

$$Q_1 = 0, \quad Q_2 = W_2 = -RT$$
$$\Delta U_1 = 0, \quad \Delta U_2 = 0$$
$$W = W_1 + W_2 = -RT$$
$$Q = Q_1 + Q_2 = -RT$$
$$\Delta U = \Delta U_1 + \Delta U_2 = 0$$

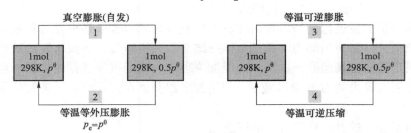

图 5-15　自发过程

右边循环：

$$\Delta U_3 = 0, \quad \Delta U_4 = 0$$
$$W_3 = Q_3 = nRT \ln(p^{\theta} / 0.5 p^{\theta}) = RT \ln 2, \quad W_4 = Q_4 = -RT \ln 2$$
$$W = W_3 + W_4 = 0$$
$$Q = Q_3 + Q_4 = 0$$
$$\Delta U = \Delta U_3 + \Delta U_4 = 0$$

上述这些自发过程都是不可逆过程，即"自发变化乃是热力学的不可逆过程"。这是经验的总结，也是第二定律的基础。

③ 一切自发变化都可归结为"功转为热"的不可逆性。例如，摩擦生热，功能全部转化为热，但是热不能全部转化为功而不产生其他变化；热传导，热能从高温物体传给低温物体，相反，过程从低温热源吸热使之全部变为功（再变为热）使高温物体升温而不产生其他变化也是不可能的。因此，从表面看来，不同的自发过程毫不相干，但实际上有着内在联系（或者说具有相同的本质），都可归结为热功转化的不可逆性——"热全部转化为功而不产生其他

影响是不可能的"。自发过程的共同特征就是单方向、有限度、不可逆。一切实际过程都是热力学不可逆过程。这些不可逆过程是相互联系的，从一个过程的不可逆性可以推断另一个过程的不可逆性。热力学第二定律就是用某种不可逆过程来概括其他不可逆过程。它有多种表达方式，实质都是指出过程自发进行的方向性、限度、不可逆性，并且通常是以否定某一件事的形式来表达：

ⅰ）克劳修斯说法：反映热传导的不可逆性——不可能把热从低温物体传到高温物体而不引起其他变化。

ⅱ）开尔文说法：反映摩擦生热（功转变为热）的不可逆性——不可能从单一热源取出热使之全部变为功而不引起其他变化。

> **注意**：不是热不能转变为功，也不是热不能完全转变为功，而是在不引起其他变化时，热不能完全转变为功。

【思考】等温可逆膨胀，$\Delta U=0$，$Q=W$，即从单一热源吸热并完全转化为功，与开尔文的说法矛盾，对吗？

答：不对。因为有状态变化（p、V 变了）。

> 可以证明，ⅰ）和 ⅱ）这两种说法是一致的。
>
> 假设克劳修斯说法不成立，有热量 Q_1 从低温热源 T_1 传给高温热源 T_2（图 5-16），可逆机 R 从 T_2 吸热 Q_2，其中 Q_1 传给 T_1，其余做功 W，最后的结果相当于 R 从单一热源 T_2 吸取了 Q_2-Q_1 的热量并全部变为功 W，而没有其他变化。违反了开尔文说法。
>
> **奥斯特瓦尔德说法（Ostwald）：开尔文说法的另一种表达方式——第二类永动机不可能成功。**
>
> 第二类永动机是能从单一热源吸热并使之完全转化为功而不引起其他变化的机器。它不违反第一定律，却永远造不成。若能造成，那么用大海或空气作为单一热源，将有取之不尽的热量。装在海轮上，从海中吸取热量完全转化为功，可以推动海轮航行，轮船与海水摩擦消耗的功又变为热还给海洋，如此往复循环，不产生其他影响，不用带燃料船就可以持续航行。实践证明这是不可能实现的。热力学第二定律的某种说法虽然只肯定了某一个具体过程的不可逆性，但由于自发过程的内在联系，实际上是肯定了所有宏观的自发过程的不可逆性。

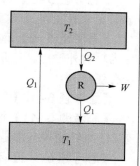

图 5-16　能量传递

思考题

【思考题 5-1】热力学第二定律的下列说法能否成立？说明理由。

（1）功量可以转变为热量，但热量不能转变成功量。

（2）自发过程是不可逆的，但非自发过程是可逆的。

（3）从任何具有一定温度的热源取热，都能进行热变功的循环。

【思考题 5-2】下列说法是否正确？请根据热力学第二定律说明理由。

（1）系统熵增大的过程必须是不可逆过程。

（2）系统熵减小的过程无法进行。

（3）系统熵不变的过程必须是绝热过程。

（4）系统熵增大的过程必须是吸热过程，它可能是放热过程吗？

（5）系统熵减少的过程必须是放热过程，它可能是吸热过程吗？

（6）在相同的初、终态之间进行可逆过程与不可逆过程，则两个过程中，工质与外界之间传递的热量不相等。

【思考题 5-3】 循环的热效率越高，则循环净功越大；反之，循环的净功越多，则循环的热效率也越高，这种说法对吗？请说明理由。

【思考题 5-4】 两种理想气体在闭口系统中进行绝热混合，问混合后气体的热力学能、焓及熵与混合前两种气体的热力学能、焓及熵之和是否相等？请说明理由。

【思考题 5-5】 任何热力循环热效率均可用公式来表达：$\eta_t = 1 - \dfrac{q_2}{q_1} = 1 - \dfrac{T_2}{T_1}$，这一说法对吗？为什么？

【思考题 5-6】 与大气温度相同的压缩气体可以从大气中吸热而膨胀做功（依靠单一热源做功），这是否违背热力学第二定律？请说明理由。

【思考题 5-7】 闭口系统进行一过程后，如果熵增加了，是否肯定它从外界吸收了热量？如果熵减少了，是否说明它向外界放出了热量？

【思考题 5-8】 热力学第二定律能否表达为"机械能可以全部变为热能，而热能不可能全部变为机械能。"这种说法有什么不妥当？

【思考题 5-9】 理想气体进行定温膨胀时，可从单一恒温热源吸入热量，并将之全部转变为功对外输出。这是否与热力学第二定律的开尔文叙述有矛盾？（提示：考虑气体本身是否有变化。）

【思考题 5-10】 自发过程是不可逆过程，非自发过程必为可逆过程，这一说法是否正确？

【思考题 5-11】 每千克工质在开口系统及闭口系统中，从相同的状态 1 变化到相同的状态 2，而环境状态都是 P_0、T_0，问两者的最大有用功是否相同？说明理由。

【思考题 5-12】 闭口系统经历了一个不可逆过程，系统对外做功 10kJ，并向外放热 5kJ，问该系统熵的变化是正、负还是可正可负？

【思考题 5-13】 闭口系统从热源取热 5000kJ，系统的熵增加为 20kJ/K，如系统在吸热过程中温度保持为 300K，则这一过程是可逆的、不可逆的还是不能实现的？

【思考题 5-14】 请给"不可逆过程"一个恰当的定义。请归纳热力过程中有哪几种不可逆因素？

【思考题 5-15】 试证明热力学第二定律的各种说法的等效性：若克劳修斯说法不成立，则开尔文说法也不成立。

【思考题 5-16】 下列说法是否有错误：

（1）循环净功 W_{net} 愈大则循环热效率愈高。

（2）不可逆循环热效率一定小于可逆循环热效率。

（3）可逆循环热效率都相等，$\eta_t = 1 - \dfrac{T_2}{T_1}$。

【思考题 5-17】循环热效率公式 $\eta_t = \dfrac{q_1 - q_2}{q_1}$ 和 $\eta_t = \dfrac{T_1 - T_2}{T_1}$ 是否完全相同（T_1 和 T_2 是指冷源和热源的温度）？各适用于哪些场合？

【思考题 5-18】下述说法是否正确：

（1）熵增大的过程必定为吸热过程。

（2）熵减小的过程必为放热过程。

（3）定熵过程必为可逆绝热过程。

（4）熵增大的过程必为不可逆过程。

（5）使系统熵增大的过程必为不可逆过程。

（6）熵产 $S_g > 0$ 的过程必为不可逆过程。

【思考题 5-19】自发过程是不可逆过程，非自发过程是可逆过程，这样说对吗？

【思考题 5-20】热力学第二定律能不能说成"机械能可以全部转变为热能，而热能不能全部转变为机械能"？为什么？

【思考题 5-21】与大气温度相同的压缩气体可以从大气中吸热而膨胀做功（依靠单一热源做功）。这是否违背热力学第二定律？

【思考题 5-22】闭口系统进行一个过程后，如果熵增加了，是否能肯定它从外界吸收了热量？如果熵减少了，是否能肯定它向外界放出了热量？

【思考题 5-23】下列说法有无错误？如有错误，请指出错在哪里：

（1）工质进行不可逆循环后其熵必定增加。

（2）使热力系熵增加的过程必为不可逆过程。

（3）工质从状态 1 到状态 2 进行了一个可逆吸热过程和一个不可逆吸热过程。后者的熵增必定大于前者的熵增。

【思考题 5-24】既然能量是守恒的，那还有什么能量损失呢？

 习 题

【题 5-1】设有一卡诺热机，工作在温度为 1200K 和 300K 的两个恒温热源之间。试问热机每做出 1kW·h 功需从热源吸取多少热量？向冷源放出多少热量？热机的热效率为多少？

【题 5-2】以空气为工质，在习题 5-1 所给的温度范围内进行卡诺循环。已知空气在定温吸热过程中压力由 8MPa 降为 2MPa。试计算各过程功和热量及循环的热效率（按定比热容理想气体计算）。

【题 5-3】以氩气为工质，在温度为 1200K 和 300K 的两个恒温热源之间进行回热卡诺循环（题图 5-1）。已知 $p_1 = p_4 = 1.5$MPa；$p_2 = p_3 = 0.1$MPa，试计算各过程的功、热量及循环的热效率。

如果不采用回热器，过程 4→1 由热源供热，过程 2→3 向冷源排热。这时循环的热效率为若干？由于不等温传热而引起的整个孤立系（包括热源、冷源和热机）的熵增为若干（按定比热容理想气体计算）？

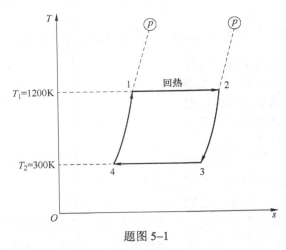

题图 5-1

【题 5-4】 两台卡诺热机串联工作。A 热机工作在 700℃和 t 之间；B 热机吸收 A 热机的排热，工作在 t 和 20℃之间。计算在下述情况的 t 值：（1）两热机输出功相同；（2）两热机的热效率相同。

【题 5-5】 以 T_1、T_2 为变量，导出题图 5-2a、b 所示二循环的热效率的比值，并求 T_1 无限趋大时此值的极限。若热源温度 $T_1=1000K$，冷源温度 $T_2=300K$，则循环热效率各为若干？热源每供应 100kJ 热量，题图 5-2b 所示循环比卡诺循环少做多少功？冷源的熵多增加若干？整个孤立系（包括热源、冷源和热机）的熵增加多少？

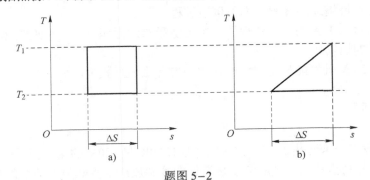

题图 5-2

【题 5-6】 试证明：在压容图中任何两条定熵线（可逆绝热过程曲线）不能相交；若相交，则违反热力学第二定律。

【题 5-7】 3kg 空气，温度为 20℃，压力为 1MPa，向真空做绝热自由膨胀，容积增加了 4 倍（为原来的 5 倍）。求膨胀后的温度、压力及熵增（按定比热容理想气体计算）。

【题 5-8】 空气在活塞气缸中做绝热膨胀（有内摩擦），体积增加了 2 倍，温度由 400K 降为 280K。求每千克空气比无摩擦而体积同样增加 2 倍的情况少做的膨胀功以及由于摩擦引起的熵增，并将这两个过程（有摩擦和无摩擦的绝热膨胀过程）定性地表示在压容图和温熵图中（按空气热力性质表计算）。

【题5-9】将3kg温度为0℃的冰，投入盛有20kg温度为50℃的水的绝热容器中。求最后达到热平衡时的温度及整个绝热系的熵增。已知水的比热容为4.187kJ/（kg·K），冰的溶解热为333.5kJ/kg（不考虑体积变化）。

【题5-10】有两物体质量相同，均为 m；比热容相同，均为 c_p（比热容为定值，不随温度变化）。A物体初温为 T_A，B物体初温为 T_B（$T_A > T_B$）。用它们作为热源和冷源，使可逆热机工作于其间，直至两物体温度相等为止。试证明：

（1）两物体最后达到的平衡温度为 $T_m = \sqrt{T_A T_B}$。

（2）可逆热机做出的总功为 $W_0 = mc_p(T_A + T_B - 2\sqrt{T_A T_B})$。

（3）如果抽掉可逆热机，使两物体直接接触，直至温度相等，这时二物体的熵增为

$\Delta S = mc_p \ln \dfrac{(T_A + T_B)^2}{4T_A T_B}$。

【题5-11】求质量为2kg、温度为300℃的铅块具有的可用能。如果让它在空气中冷却到100℃，则其可用能损失了多少？如果将这300℃的铅块投入5kg温度为50℃的水中，则可用能的损失又是多少？铅的比热容 c_p=0.13kJ/（kg·K）；空气（环境）温度为20℃。

【题5-12】先用电热器使20kg、温度 t_0=20℃的凉水加热到 t_1=80℃，然后再与40kg、温度为20℃的凉水混合。求混合后的水温以及电加热和混合这两个过程各自造成的熵产。水的比定压热容为4.187kJ/（kg·K），水的膨胀性可忽略。

【题5-13】某换热设备由热空气加热凉水（题图5-3），已知空气流参数为 t_1=200℃，$p_1 = 0.12$ MPa，t_2=80℃，$p_2 = 0.11$MPa；

水流的参数为 $t_1' = 15$℃，$p_1' = 0.21$ MPa；$t_2' = 70$℃，$p_2' = 0.115$MPa。每小时需供应2t热水。试求：（1）热空气的流量；（2）由于不等温传热和流动阻力造成的熵产。不考虑散热损失；空气和水都按定比热容计算。空气的比定压热容 c_p=1.005kJ/（kg·K）；水的比定压热容 $c_p' = 4.187$kJ/（kg·K）。

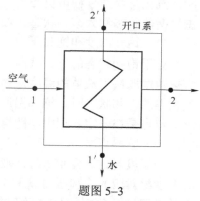

题图5-3

【题5-14】将500kg温度为20℃的水用电热器加热到60℃。求这一不可逆过程造成的功损和可用能的损失。不考虑散热损失。周围大气温度为20℃，水的比定压热容为4.187kJ/（kg·K）。

【题5-15】压力为1.2MPa、温度为320K的压缩空气从压气机站输出。由于管道、阀门的阻力和散热，到车间时压力降为0.8MPa，温度降为298K。压缩空气的流量为0.5kg/s。求每小时损失的可用能（按定比热容理想气体计算，大气温度为20℃，压力为0.1MPa）。

【题5-16】求该换热设备损失的可用能（已知大气温度为20℃）。若不用热空气而用电炉加热水，则损失的可用能为多少？

第六章

水蒸气性质和蒸气动力循环

在动力、制冷、化学工程中，经常用到各种蒸气。常用的如水蒸气、氨蒸气、氟利昂蒸气等。**蒸气是指离液态较近在工作过程中往往会有物态变化的某种实际气体**。显然，蒸气不能作为理想气体处理，它的性质较复杂。在工程计算中，水和水蒸气的热力参数以前采用查取有关水蒸气的热力性质图表的办法，现在也可借助计算机对水蒸气的物理特性及过程作高精度的计算。本章主要介绍水蒸气产生的一般原理、水和水蒸气状态参数的确定、水蒸气图表的结构和应用以及水蒸气热力过程功和热量的计算。

物质由液态转变为气态的过程称为汽化。液体的汽化有蒸发和沸腾两种不同的形式。蒸发是指液体表面的汽化过程；沸腾是指液体表面和内部同时进行的强烈的汽化过程。液体汽化的速度取决于液体的温度。物质由气态转变为液态的过程称为凝结。凝结的速度取决于空间蒸气的压力。**当液体分子脱离液体表面的汽化速度与气体分子回到液体中的凝结速度相等时，汽化与凝结过程虽仍在不断进行，但总的结果使状态不再改变。这种液体和蒸气处于动态平衡的状态称为饱和状态**。液体上的蒸汽称为饱和蒸汽，液体称为饱和液体。

（1）饱和温度和饱和压力

处于饱和状态的气、液温度相同，称为饱和温度 t_s，蒸汽的压力称为饱和压力 p_s。因为汽化速度取决于液体的温度，而凝结速度取决于蒸汽的压力，所以当达到汽化速度和凝结速度相等的饱和状态时，饱和温度 t_s 和饱和压力 p_s 之间必存在单值性关系 $p_s = f(t_s)$。（饱和蒸汽的特点是在一定容积中不能再含有更多的蒸气，即蒸气压力与密度为对应温度下的最大值）

（2）临界点

当温度超过一定值 t_c 时，液相不可能存在，而只可能存在气相。t_c 称为临界温度，与临界温度相对应的饱和压力 p_c 称为临界压力。因此**临界温度和压力是液相与气相能够平衡共存时的最高值**。临界参数是物质的固有常数，不同的物质其值是不同的。例：水的临界参数值为 $t_c = 374.15℃$，$p_c = 22.129MPa$，$v_c = 0.00326m^3/kg$，$h_c = 2100kJ/kg$，$s_c = 4.429kJ/(kg \cdot K)$。

（3）三相点

当压力低于 p_{tp} 时，液相也不可能存在，而只可能是气相或固相。p_{tp} 称为三相点压力。与三相点压力相对应的饱和温度 t_{tp} 称为三相点温度（图 6–1）。三相点温度和压力是最低的饱和温度和饱和压力。不同物质的三相点所对应的参数不同。

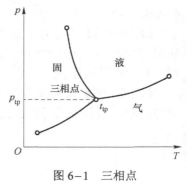

图 6–1 三相点

水的三相点温度和压力值为 $t_{tp}=0.01℃$，$p_{tp}=611.2Pa$。

三相点是固、液、气三相共存的状态，各种物质在三相点的温度和压力分别为定值，但比体积则随固、液、气三相的混合比例不同而异。

工程上所用的水蒸气都是在定压加热，汽化而产生的。为形象起见，假设水是在气缸内进行定压加热，其产生过程如图6-2所示。

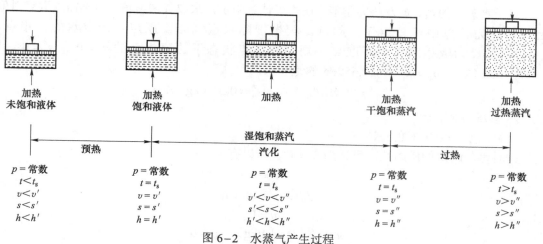

图6-2　水蒸气产生过程

在一定压力下的**未饱和水**，受外界加热温度升高，当温度升到该压力所对应的饱和温度时，被称为**饱和液体**。水继续加热，并开始沸腾，在定温下，产生蒸汽而形成饱和水和饱和水蒸气的混合物。这种混合物被称为**湿饱和蒸汽**。水继续吸热，直至水全部汽化为水蒸气，这时的蒸气因不含液体，被称为**干饱和蒸汽**。至此为止，工质的全部汽化过程都是在饱和温度下进行的。对饱和蒸汽继续加热，则其温度将从饱和温度起不断升高。当蒸气的温度超过相应压力下的饱和温度时，被称为**过热蒸汽**。可见水蒸气的产生分**预热**、**汽化**和**过热**三个阶段。将水蒸气在不同压力下的定压发生过程，在 p-v 图及 T-s 图上表示出来，如图6-3所示。

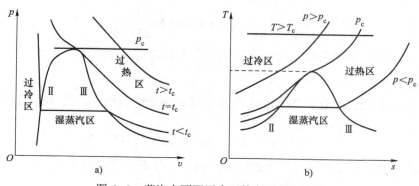

图6-3　蒸汽在不同压力下的定压发生过程

为了便于记忆，我们把水蒸气的 p-v 图及 T-s 图总结为一点、二线、三区、五态。一点

是指临界点；二线为饱和液体线和饱和蒸汽线；三区为未饱和区（过冷区）、湿蒸汽区及过热蒸汽区；五态为未饱和液体（过冷液）状态、饱和液体状态、湿饱和蒸汽状态、干饱和蒸汽状态及过热蒸汽状态。为了便于大家在查找图表时方便，在本节中先给大家介绍有关水及水蒸气的有关状态及状态参数的规定。

1. 零点的规定

对于水蒸气的焓、熵及热力学能，在热工计算中仅需求取其增减值，而不需求取绝对值，因此在热力计算中可规定任一起点。根据国际水蒸气会议规定，选定水的三相点：$t_{tp} = 273.16K$ 为液相水作为基准点，规定在该点状态下的液相水的 $u_0' = 0$、$s_0' = 0$，即 $t_0 = t_{tp} = 0.01℃$，$p_0 = p_{tp} = 611.659Pa$ 的饱和水：

$$u_0' = 0 \ （kJ/kg） \qquad s_0' = 0kJ/（kg \cdot K）$$

2. 当压力为 p 时

（1）温度 $t = 0.01℃$ 的过冷水

此时可忽略水的压缩性，可认为 $dv = 0$，所以有

$$w_i = 0$$

又因为 $\qquad\qquad\qquad\qquad\qquad dT = 0 \quad dv = 0$

则有 $\qquad\qquad\qquad\qquad\qquad\qquad du = 0$

即 $\qquad\qquad\qquad\qquad u = u_0' = 0 \ （kJ/kg） \quad q = 0$

所以 $\qquad\qquad\qquad s_0 \approx s_0' = 0 \qquad h_0 = u_0 + p_0 v_0$

当 p 不大时，$h_0 \approx 0$

（2）温度为 t_s 时的饱和水

此时水的温度在定压下由 $t_0 = 0.01℃$ 到 $t_0 = t_s$，此时有

$$q_L = \int_{273.16}^{t_s} c_p dT$$

当 $t < 100℃$ 时，$\overline{c_p} \approx 4.1868kJ/（kg \cdot K）$，此时有

$$h' = h_0' + q_L \approx 4.1868\{t_s\} \ （kJ/kg）$$

$$s' = \int_{273.16}^{t_s} c_p \frac{dT}{T} = 4.1868 \ln \frac{\{t_s\}}{273.16}$$

当 $t > 100℃$ 时，p 较大时，c_p 不为定值，则上几式不完全适用。

（3）干饱和蒸汽

此时，饱和水全部汽化，由 t_s 的饱和水变成 t_s 的干饱和蒸汽，其 1kg 工质所吸收的热量为

$$\gamma = t_s(s'' - s') = h'' - h' = (u'' - u') + p(v'' - v')$$

式中，$u'' - u'$ 表示用于增加热力学能的热量；$p(v'' - v')$ 表示汽化时比体积增大用作膨胀功的热量。

干饱和蒸汽的比焓 $h'' = h' + \gamma$；干饱和蒸汽的比熵 $s'' = s' + \dfrac{\gamma}{t_s}$。

（4）湿饱和蒸汽

首选引入一独立参数——干度 x（湿蒸汽中干饱和蒸汽的质量分数，即 $x = \dfrac{m_g}{m_g + m_L}$）。当汽化开始但尚未完成时，此时部分为水，部分为蒸气，此时 $t = t_s$、 $p = p_s$，且 t_s 与 p_s 相互对应，不是相互独立的参数，此时有

$$v_x = xv'' + (1-x)v'$$

当 p 不太大时， $v' < v''$，则上式可简化为

$$v_x \approx xv''$$

有
$$h_x = xh'' + (1-x)h'$$

或
$$h_x = h' + x\gamma = [x(h' + \gamma) + (1-x)h'] = (h' + \gamma x)$$

有
$$s_x = xs'' + (1-x)s'$$

或
$$s_x = s' + x\frac{\gamma}{t_s} = \left[x\left(s' + \frac{\gamma}{t_s} \right) + (1-x)s' \right] = \left(s' + \frac{\gamma}{t_s}x \right)$$

（5）过热蒸汽

当饱和蒸汽继续加热时，温度开始升高，此时称为过热蒸汽，超过 t_s 的值称为过热度，即 $\Delta t = t - t_s$，过热量 $q_{sup} = \int_{t_s}^{t} c_p \mathrm{d}T$，而 c_p 是 p、 t 的复杂函数。

过热蒸汽的焓：
$$h = h'' + q_{sup}$$

比熵：
$$s = \int_{273.16}^{t_s} c\frac{\mathrm{d}T}{T} + \frac{\gamma}{t_s} + \int_{t_s}^{t} c_p\frac{\mathrm{d}T}{T}$$

如前所述，水蒸气的热力性质较为复杂。在工程计算中，通常是将实验测得的数据，运用热力学一般关系，经计算而得的数据制成蒸气图表以供查用。通常可查到状态参数 p、 v、 T、 h、 s，至于热力学能，需要用公式 $u = h - pv$ 得到。应用水蒸气热力性质图表时，其基准点在不同文献中均为三相点液相水作为基准点。针对水蒸气的五种不同的状态，一般的水蒸气表分为两类：一类为"饱和蒸汽表"，表中列出饱和液体线和饱和蒸汽线上的数据，为查用方便，又可分为按温度排列与按压力排列两种形式。另一类为未饱和液体与过热蒸汽表，表中列出了未饱和液体和过热蒸汽两个区域中的数据。表上用黑粗线将两状态隔开，上方为未饱和液体，下方为过热蒸汽。分析水蒸气的热力过程的任务和分析理想气体一样，即确定过程中工质状态参数变化的规律，以及过程中能量的转换情况。但是，理想气体的状态参数可以通过简单计算得到。例如： $\Delta u = c_v \Delta T$， $\Delta h = c_p \Delta T$， $\Delta s = c_p \ln\dfrac{T_2}{T_1} - R_g \ln\dfrac{p_2}{p_1}$ 等。而水蒸气状态参数却要用查表或图的方法得到。过程中参量转换关系，同样依据热力学第一定律和第二定律进行计算确定。

分析水蒸气热力过程的一般步骤如下：

① 根据初态的两个已知参数，通常为 (p, t)、 (p, x)、 (t, x)，从表或图中查得其他参数。

② 根据过程特征，如定温、定压、定容、定熵等，加上一个终态参数，确定终态，再从表或图上查得终态的其他参数。

③ 根据已求得的初、终态参数，应用热力学第一定律和第二定律的基本方程及参数定义式等计算 q、w、Δh、Δu。

a）定容过程：v=定值。$w_i = \int p\mathrm{d}v = 0$，$q = \Delta u = \Delta h - v\Delta p$。

b）定压过程：p=定值。如水在锅炉中加热汽化过程；水蒸气在过热器中被加热过程；水在给水预热器中加热升温过程；水蒸气和制冷工质在冷凝器中凝结过程；水蒸气在各种换热器中的过程等；若忽略摩阻等因素，则为定压过程。有 $w_i = \int p\mathrm{d}v = p(v_2 - v_1)$，$q = \Delta h$，$\Delta u = \Delta h - p\Delta v$。

c）定温过程：T=定值。$q = \int T\mathrm{d}s = T(s_2 - s_1)$，$w_i = q - \Delta u$，$\Delta u = \Delta h - \Delta(pv)$。

d）定熵过程：s=定值（如水蒸气在汽轮机中膨胀的过程；水在水泵中被压缩的过程以及制冷剂在压缩机中被压缩的过程。若忽略摩阻等因素，就是定熵过程。有 $q = 0$，$w_i = \Delta u$，$w_t = \Delta h$。

【例 6-1】在一台蒸气锅炉中，烟气定压放热，温度从 1500℃ 降低到 250℃，所放出的热量用以生产水蒸气。压力为 9.0MPa、温度为 30℃ 的锅炉给水，被加热、汽化、过热成压力为 9.0MPa、温度为 450℃ 的过热蒸汽。将烟气近似为空气，取比热容为定值，且 $c_p = 1.079\mathrm{kJ/（kg \cdot K）}$，试求：

（1）产生 1kg 过热蒸汽需要多少千克烟气？

（2）生产 1kg 过热蒸汽时，烟气熵的减少以及过热蒸汽熵的增大各为多少？

（3）将烟气和水蒸气作为孤立系统，求生产 1kg 过热蒸汽时，孤立系统熵增为多少？设环境温度 $T_0 = 15℃$，求有用能损失 I 是多少。

解： 由过冷水和过热蒸汽表查得：

给水：$p = 9.0\mathrm{MPa}$，$t_{w,1} = 30℃$ 时，$h_{w,1} = 1333.86\mathrm{kJ/kg}$，$s_{w,1} = 0.4338\mathrm{kJ/（kg \cdot K）}$。

过热蒸汽：$p = 9.0\mathrm{MPa}$，$t_{w,2} = 450℃$ 时，$h_{w,2} = 3256.0\mathrm{kJ/kg}$，$s_{w,2} = 6.4835\mathrm{kJ/（kg \cdot K）}$。

烟气进、出口温度：$t_{g,1} = 1500℃$，$t_{g,2} = 250℃$。

（1）由热力平衡方程，可确定 1kg 过热蒸汽需质量为 m 的烟气量：

$$mc_p(t_{g,1} - t_{g,2}) = h_{w,2} - h_{w,1}$$

$$m = \frac{h_{w,2} - h_{w,1}}{c_p(t_{g,2} - t_{g,1})} = \frac{3256.0 - 133.86}{1079 \times (1500 - 250)} = 2.31（\mathrm{kg}）$$

（2）烟气熵变（定压）：

$$\Delta S_g = mc_p\ln\frac{t_{g,2}}{t_{g,1}} = 2.31 \times 1079 \times \ln\frac{(250 + 273)}{(1500 + 273)} = -3.043（\mathrm{kJ/K}）$$

水的熵变：

$$\Delta s_w = s_{w,2} - s_{w,1} = 6.4835 - 0.4338 = 6.0497\left[\mathrm{kJ/（kg \cdot K）}\right]$$

（3）孤立系统的熵变为

$$\Delta S_{iso} = \Delta S_g + \Delta s_w = -3.043 + 6.0497 = 3.007 \text{（kJ/K）}$$

有用能损失为

$$I = T_0 \Delta S_{iso} = (273 + 15) \times 3.007 = 866.0 \text{（kJ）}$$

【例 6-2】 一容积为 100m^3 的开口容器，装满 0.1MPa、20℃的水。请计算将容器内的水加热到 90℃时将会有多少水溢出（忽略水的汽化，假定加热过程中容器体积保持不变）。

解： 因为 $p_1 = p_2 = 0.1\text{MPa}$，对应饱和水温度 $t_s = 99.634$℃，由题给条件可知 $t < t_s$，所以初、终态均处于未饱和水状态，查未饱和水表得：

$$v_1 = 0.0010018\text{m}^3/\text{kg} \qquad v_2 = 0.0010359\text{m}^3/\text{kg}$$

$$m_1 = \frac{V}{v_1} = \frac{100}{0.0010018} = 99.820 \times 10^3 \text{（kg）}$$

$$m_2 = \frac{V}{v_2} = \frac{100}{0.0010359} = 96.534 \times 10^3 \text{（kg）}$$

$$\Delta m = m_1 - m_2 = 3286 \text{（kg）}$$

思考题

【思考题 6-1】 理想气体的热力学能只是温度的函数，而实际气体的热力学能则和温度及压力都有关。试根据水蒸气图表中的数据，举例计算过热水蒸气的热力学能以验证上述结论。

【思考题 6-2】 根据式 $\left[c_p = \left(\dfrac{\partial h}{\partial T} \right)_p \right]$ 可知：在定压过程中 $dh = c_p dT$。这对任何物质都适用，只要过程是定压的。如果将此式应用于水的定压汽化过程，则得 $dh = c_p dT = 0$（因为水定压汽化时温度不变，$dT = 0$）。然而众所周知，水在汽化时焓是增加的（$dh > 0$）。问题到底出在哪里？

【思考题 6-3】 请描述物质的临界状态。

【思考题 6-4】 各种气体动力循环和蒸气动力循环，经过理想化以后可按可逆循环进行计算，但所得理论热效率即使在温度范围相同的条件下也并不相等。这和卡诺定理有矛盾吗？

【思考题 6-5】 能否在蒸气动力循环中将全部蒸气抽出来用于回热（这样就可以取消凝汽器，$Q_2 = 0$），从而提高热效率？能否不让乏气凝结放出热量 Q_2，而用压缩机将乏气直接压入锅炉，从而减少热能损失，提高热效率？

【思考题 6-6】 既然 $c = \sqrt{2(h^* - h)}$ 对有摩擦和无摩擦的绝热流动都适用，那么摩擦损失表现在哪里呢？

【思考题 6-7】 为什么渐放形管道也能使气流加速？渐放形管道也能使液流加速吗？

【思考题 6-8】 在亚音速和超音速气流中，思考题图 6-1 所示的三种形状的管道适宜做喷管还是适宜做扩压管？

【思考题 6-9】 有一渐缩喷管，进口前的滞止参数不变，背压（即喷管出口外面的压力）从等于滞止压力逐渐下降到极低压力。问该喷管的出口压力、出口流速和喷管的流量将如何变化？

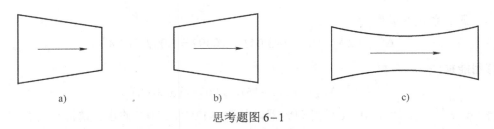

思考题图 6-1

【思考题 6-10】 有一渐缩喷管和一缩放喷管，最小截面积相同，一同工作在相同的滞止参数和极低的背压之间（图 6-2）。试问它们的出口压力、出口流速、流量是否相同？如果将它们截去一段（图中虚线所示的右边一段），那么它们的出口压力、出口流速和流量将如何变化？

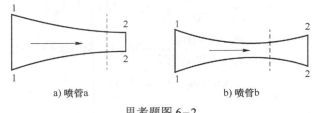

a) 喷管a   b) 喷管b

思考题图 6-2

【思考题 6-11】 实际气体性质与理想气体性质差异产生的原因是什么？在什么条件下才可以把实际气体当作理想气体处理？

【思考题 6-12】 压缩因子 Z 的物理意义是什么？能否将 Z 当作常数处理？

【思考题 6-13】 范德瓦尔方程的精度不高，但是在实际气体状态方程的研究中范德瓦尔方程的地位却很高，为什么？

【思考题 6-14】 范德瓦尔方程中的物性常数 a 和 b 可以由实验数据拟合得到，也可以由物质的 T_{cr}、p_{cr}、v_{cr} 计算得到。需要较高的精度时应采用哪种方法，为什么？

【思考题 6-15】 如何看待维里方程？一定条件下维里系数可以通过理论计算，为什么维里方程没有得到广泛应用？

【思考题 6-16】 什么叫对应态定律？为什么要引入对应态定律？什么是对比参数？

【思考题 6-17】 自由能和自由焓的物理意义是什么？两者的变化量在什么条件下会相等？

【思考题 6-18】 什么是特性函数？试说明 $u=u(s, p)$ 是否是特性函数。

【思考题 6-19】 常用的热系数有哪些？是否有共性？

【思考题 6-20】 本章导出的关于热力学能、焓、熵的一般关系式是否可用于不可逆过程？

【思考题 6-21】 试根据 c_p-c_v 的一般关系式分析水的比定压热容和比定容热容的关系。

【思考题 6-22】 水的相图和一般物质的相图区别在哪里？为什么？

【思考题 6-23】 平衡的一般判据是什么？讨论自由能判据、自由焓判据和熵判据的关系。

【思考题 6-24】 对改变气流速度起主要作用的是通道的形状还是气流本身的状态变化？

【思考题 6-25】 如何用连续性方程解释日常生活的经验：水的流通截面积增大，流速就降低。

【思考题 6-26】在高空飞行可达到高超音速的飞机在海平面上是否能达到相同的高马赫数？

【思考题 6-27】当有摩擦损耗时，喷管的流出速度同样可用 $c_{f2}=\sqrt{2(h_0-h_2)}$ 来计算，似乎与无摩擦损耗时相同。那么，摩擦损耗表现在哪里呢？

【思考题 6-28】考虑摩擦损耗时，为什么修正出口截面上速度后还要修正温度？

【思考题 6-29】如思考题图 6-3 所示，a 为渐缩喷管，b 为缩放喷管。设两喷管工作背压均为 0.1MPa，进口截面压力均为 1MPa，进口流速 c_{f1} 可忽略不计。若（1）两喷管最小截面积相等，问两喷管的流量、出口截面流速和压力是否相同？（2）假如沿截面 2'-2'切去一段，将产生哪些后果？出口截面上的压力、流速和流量将起什么变化？

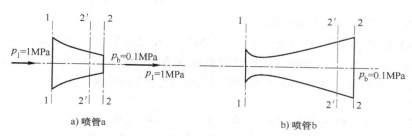

a) 喷管a　　　　　　　　　　　　b) 喷管b

思考题图 6-3

【思考题 6-30】既然绝热节流前后焓值不变，为什么做功能力有损失？

【思考题 6-31】利用人工打气筒为车胎打气时用湿布包裹气筒的下部，会发现打气时轻松了一点，工程上压气机气缸常以水冷却或气缸上有肋片，为什么？

【思考题 6-32】既然余隙容积具有不利影响，是否可能完全消除它？

【思考题 6-33】如果由于应用气缸冷却水套以及其他冷却方法，气体在压气机气缸中已经能够按定温过程进行压缩，这时是否还需要采用分级压缩？为什么？

【思考题 6-34】压气机按定温压缩时，气体对外放出热量，而按绝热压缩时，不向外放热，为什么定温压缩反较绝热压缩更为经济？

 习　题

【题 6-1】利用水蒸气的焓熵图填充下列空白：

状态	p/MPa	t/℃	h/（kJ/kg）	s/［kJ/（kg·K）］	干度 x（%）	过热度 D/℃
1	5	500	3434	6.975	—	
2	0.3	133.5	2550	6.565		—
3	1.0	180	2524	6.0		—
4	0.01	47	2345	7.405		—
5	4	400	3212	6.77	—	

【题 6-2】 已知下列各状态：（1）$p=3\text{MPa}$，$t=300℃$；（2）$p=5\text{MPa}$，$t=155℃$；（3）$p=0.3\text{MPa}$，$x=0.92$。

试利用水和水蒸气热力性质表查出或计算出各状态的比体积、焓、熵和热力学能。

【题 6-3】 离心式空气压缩机，流量为 3.5kg/s，进口压力为 0.1MPa、温度为 20℃，出口压力为 0.3MPa。试求压气机消耗的理论功率和实际功率。已知压气机的绝热效率为

$$\eta_{c,s}=\frac{\omega_{c理论}}{\omega_{c实际}}=85\%。$$

【题 6-4】 某锅炉每小时生产 10t 水蒸气，其压力为 1MPa，温度为 350℃。锅炉给水温度为 40℃，压力为 1.6MPa。已知锅炉效率为 $\eta_B=\dfrac{蒸气吸收的热量}{燃料可产生的热能}=80\%$，煤的发热量 $H_v=29000\text{kJ/kg}$。求每小时的耗煤量。

【题 6-5】 过热水蒸气的参数为：$p_1=13\text{MPa}$、$t_1=550℃$。在蒸汽轮机中定熵膨胀到 $p_2=0.005\text{MPa}$。蒸气流量为 130t/h。求蒸汽轮机的理论功率和出口处乏气的湿度。若蒸汽轮机的相对内效率 $\eta_{ri}=85\%$，求蒸汽轮机的功率和出口处乏气的湿度，并计算因不可逆膨胀造成蒸气比熵的增加。

【题 6-6】 一台功率为 200MW 的蒸汽轮机，其耗气率 $d=3.1\text{kg/}（\text{kW·h}）$。乏气压力为 0.004MPa，干度为 0.9，在凝汽器中全部凝结为饱和水（题图 6-1）。已知冷却水进入凝汽器时的温度为 10℃，离开时的温度为 18℃；水的比定压热容为 4.187kJ/（kg·K），求冷却水流量。

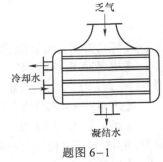

题图 6-1

【题 6-7】 已知朗肯循环的蒸气初压 $p_1=10\text{MPa}$，终压 $p_2=0.005\text{MPa}$；初温为（1）500℃，（2）550℃。试求循环的平均吸热温度、理论热效率和耗气率 [kg/（kW·h）]。

【题 6-8】 已知朗肯循环的初温 $t_1=500℃$，终压 $p_2=0.005\text{MPa}$。初压为（1）10MPa、（2）15MPa。试求循环的平均吸热温度、理论热效率和乏气湿度。

*【题 6-9】 某蒸气动力装置采用再热循环。已知新气参数为 $p_1=14\text{MPa}$，$t_1=550℃$，再热蒸气的压力为 3MPa，再热后温度为 550℃，乏气压力为 0.004MPa。试求它的理论热效率比不再热的朗肯循环高多少，并将再热循环表示在压容图和焓熵图中。

*【题 6-10】 某蒸气动力装置采用二次抽气回热。已知新气参数为 $p_1=14\text{MPa}$，$t_1=550℃$，第一次抽气压力为 2MPa，第二次抽气压力为 0.16MPa，乏气压力为 0.005MPa。试问：

（1）它的理论热效率比不回热的朗肯循环高多少？

（2）耗气率比朗肯循环增加了多少？

（3）为什么热效率提高了而耗气率反而增加呢？

【题 6-11】 用管道输送天然气（甲烷）。已知管道内天然气的压力为 4.5MPa，温度为 295K，流速为 30m/s，管道直径为 0.5m。问每小时能输送天然气多少标准立方米？

【题 6-12】 温度为 750℃、流速为 550m/s 的空气流，以及温度为 20℃、流速为 380m/s 的空气流，是亚音速气流还是超音速气流？它们的马赫数各为多少？已知空气在 750℃ 时

$\kappa_0 = 1.335$；在 20℃时 $\kappa_0 = 1.400$。

【题 6-13】 已测得喷管某一截面空气的压力为 0.3MPa、温度为 700K、流速为 600m/s。视空气为定比热容理想气体，试按定比热容和变比热容（查表）两种方法求滞止温度和滞止压力。能否推知该测量截面在喷管的什么部位？

【题 6-14】 压缩空气在输气管中的压力为 0.6MPa、温度为 25℃，流速很小。经一出口截面积为 300mm² 的渐缩喷管后压力降为 0.45MPa。求喷管出口流速及喷管流量（按定比热容理想气体计算，不考虑摩擦，以下各题均如此）。

【题 6-15】 同【题 6-14】。若渐缩喷管的背压为 0.1MPa，则喷管流量及出口流速为若干？

【题 6-16】 空气进入渐缩喷管时的初速为 200m/s，初压为 1MPa，初温为 400℃。求该喷管达到最大流量时出口截面的流速、压力和温度。

【题 6-17】 试设计一喷管，工质是空气。已知流量为 3kg/s，进口截面上的压力为 1MPa，温度为 500K，流速为 250m/s，出口压力为 0.1MPa。

【题 6-18】 一渐缩喷管，出口流速为 350m/s，工质为空气。已知滞止温度为 300℃（滞止参数不变）。试问这时是否达到最大流量？如果没有达到，它目前的流量是最大流量的百分之几？

【题 6-19】 欲使压力为 0.1MPa、温度为 300K 的空气流经扩压管后压力提高到 0.2MPa，空气的初速至少应为多少？

【题 6-20】 有两台单级活塞式压气机，每台每小时均能生产压力为 0.6MPa 的压缩空气 2500kg。进气参数都是 0.1MPa、20℃。其中一台用水套冷却气缸，压缩过程的多变指数 $n = 1.3$；另一台没有水套冷却，压缩过程的指数 $n = \gamma_0 = 1.4$。试求两台压气机理论上消耗的功率各为多少？如果能做到定温压缩，则理论上消耗的功率将是多少？

第七章

实际空气性质和过程

➤ **学习要点**：① 理解绝对湿度、相对湿度、含湿量、饱和度、湿空气密度、干球温度、湿球温度、露点和角系数等概念的定义式及物理意义。

② 熟练使用湿空气的焓湿图。

③ 掌握湿空气的基本热力过程的计算和分析。

④ 深入理解喷管和扩压管流动中的基本关系式和滞止参数的物理意义，熟练运用热力学理论分析亚音速、超音速和临界流动的特点。

⑤ 无论工质是理想气体还是蒸气，都要熟练掌握渐缩、渐缩渐扩喷管的选型和出口参数、流量等的计算。

⑥ 理解扩压管的流动特点，会进行热力参数的计算。

⑦ 能应用有摩擦流动计算公式，进行喷管的热力计算。熟练掌握绝热节流的特性，参数的变化规律。

➤ **重点、难点**：① 喷管和扩压管截面变化与速度、压力变化的关系。

② 喷管的选型与临界截面的关系。

③ 有摩擦流动时，喷管的流动特点及热力参数的计算。

湿空气是一种理想混合气体，遵循理想混合气体的性质，但它与一般理想混合气体又有重要区别。由于湿空气中的水蒸气分压力达到饱和压力时将引起部分水蒸气的冷凝，湿空气中的水蒸气的含量将随之改变，因此要注意湿空气的特殊性质：

① 结露和露点：湿空气在定压下降温到与水蒸气分压力相对应的饱和温度时，所出现的冷凝现象称为结露，其温度为露点，即水蒸气分压力相对应的饱和温度为露点。

② 饱和湿空气和未饱和湿空气：依据湿空气中水蒸气是否达到饱和状态，可划分这两类湿空气。

③ 湿空气的干球温度和湿球温度：湿空气的温度称为干球温度，用湿纱布包住水银温度计的水银柱球部时，紧贴湿球表面的饱和湿空气温度称为湿球温度。通常湿球温度低于干球温度，高于露点。

绝热节流过程：气体在管道中流过突然缩小的截面，而又未及与外界进行热量交换的过程。特点：绝热节流过程的焓相等，但绝不是等焓过程。因为在缩孔附近，由于流速增加，焓是下降的，流体在通过缩孔时动能增加，压力下降并产生强烈扰动和摩擦。扰动和摩擦的不可逆性，使节流后的压力不能回复到节流前，绝热加湿过程传给空气的热量为零，因此空气的焓保持不变，即 $h_1 = h_2$。

工质以恒定的流量连续不断地进出系统，系统内部及界面上各点工质的状态参数和宏观运动参数都保持一定，不随时间变化。

由稳态稳流特点，$m_1 = m_2 = \cdots = m =$ 常数，而 $m = \dfrac{fc}{v}$

得
$$\frac{dc}{c} + \frac{df}{f} - \frac{dv}{v} = 0$$

该式适用于任何工质可逆与不可逆过程。

绝热稳定流动能量方程：
$$dh = \delta q - \frac{1}{2} dc^2 - g dz - \delta w_s$$

对绝热、不做功、忽略位能的稳定流动过程，有
$$d\frac{c^2}{2} = -dh$$

说明：增速以降低本身储能为代价。

由可逆绝热过程方程 $pv^\kappa =$ 常数，得
$$\frac{dp}{p} + \kappa \frac{dv}{v} = 0$$

音速：微小扰动在流体中的传播速度。定义式为
$$a = \sqrt{\left(\frac{\partial p}{\partial \rho} \right)_s}$$

压力波的传播过程作为定熵过程处理。特别地，对理想气体：$a = \sqrt{kRT}$ 只随绝对温度而变。

马赫数（无因次量）：流速与当地音速的比值
$$M = \frac{c}{a} \begin{cases} M>1, \ 超音速 \\ M=1, \ 临界音速 \\ M<1, \ 亚音速 \end{cases}$$

对定熵过程，由 $dh = v dp$ 得
$$c dc = -v dp$$

该式适用于定熵流动过程。

气流速度增加（$dc>0$），必导致气体的压力下降（$dp<0$）。

气体速度下降（$dc<0$），将导致气体压力的升高（$dp>0$）。

联立 $c dc = -v dp$、连续性方程、可逆绝热过程方程可得
$$\frac{df}{f} = (M^2 - 1) \frac{dc}{c}$$

对喷管：当 $M<1$ 时，因为 $dc>0$，则喷管截面缩小 $df<0$，称渐缩喷管。

当 $M>1$（超音速气流）时，$\mathrm{d}f>0$，称渐扩喷管。

若：将 $M<1$ 增大到 $M>1$，则喷管截面积由 $\mathrm{d}f<0$ 转变为 $\mathrm{d}f>0$，称为渐缩渐扩喷管，也称为拉伐尔（Laval）喷管。

称 $M=1$ 而 $\mathrm{d}f=0$ 为喉部，此处的截面称临界截面；对扩压管则相反。

【例 7-1】已知气体燃烧产物的 $c_p=1.089\mathrm{kJ/（kg\cdot K）}$ 和 $\kappa=1.36$，并以流量 $m=45\mathrm{kg/s}$ 流经一喷管，进口 $p_1=1\mathrm{bar}$、$T_1=1100\mathrm{K}$、$c_1=1800\mathrm{m/s}$。喷管出口气体的压力 $p_2=0.343\mathrm{bar}$，喷管的流量系数 $c_d=0.96$；喷管效率为 $\eta=0.88$。求合适的喉部截面积、喷管出口的截面积和出口温度。

已知：$c_d=0.96$，$\eta=0.88$，$\kappa=1.36$

假定气体为理想气体，则有

$$h_0-h_1=c_p(T_0-T_1)=\frac{c_1^2}{2}$$

$$T_0=T_1+\frac{c_1^2}{2c_p}$$

$$=100+\frac{180^2}{2\times1.089\times1000}$$
$$=1114.87\approx1115（\mathrm{K}）$$

应用等熵过程参数间的关系式得

$$\frac{p_0}{p_1}=\left(\frac{T_0}{T_1}\right)^{\frac{\kappa}{\kappa-1}}$$

$$p_0=p_1\left(\frac{T_0}{T_1}\right)^{\frac{\kappa}{\kappa-1}}=1\times\left(\frac{1115}{1100}\right)^{\frac{1.36}{1.36-1}}=1.0525（\mathrm{bar}）$$

喷管出口状态参数也可根据等熵过程参数之间的关系求得

$$\frac{p_0}{p_1}=\left(\frac{T_0}{T_1}\right)^{\frac{\kappa}{\kappa-1}}$$

$$\frac{1.0525}{0.343}=\left(\frac{1115}{T_2}\right)^{\frac{1.36}{1.36-1}}$$

因此喷管出口截面处气体的温度为 828.67K。

$$h_0=h_2+\frac{c_2^2}{2}$$

$$c_2=\sqrt{2\times1000(h_0-h_2)}=\sqrt{2\times1000\times c_p(T_0-T_2)}=44.72\sqrt{c_p(T_0-T_2)}$$
$$=44.72\sqrt{1.089(1115-828.67)}=789.67（\mathrm{m/s}）$$

因为喷管效率 $\eta=0.88$，所以

$$c_2' = \sqrt{0.88 \times c_2^2}$$

$$c_2' = \sqrt{0.88 \times (789.67)^2} = 740 \text{ （m/s）}$$

喷管出口处气体的温度：$T_2' = T_1 - \eta(T_1 - T_2) = 861$ （K）

喷管出口处气体的密度：由 $R = 287 \text{J/（kg·K）}$ 可知

$$\rho_2' = \frac{0.343 \times 10^5}{287 \times 861} = 0.139 \text{ （kg/m}^3\text{）}$$

由质量流量

$$m = \frac{c_2 f_2}{v_2}$$

出口截面积：

$$f_2 = \frac{45}{0.139 \times 740} = 0.438 \text{ （m}^2\text{）}$$

喉部截面处的温度（喉部的参数为临界参数）为

$$\frac{p_c}{p_0} = \left(\frac{2}{\kappa + 1}\right)^{\frac{\kappa}{\kappa - 1}}, \quad p_c = p_0 \left(\frac{2}{\kappa + 1}\right)^{\frac{\kappa}{\kappa - 1}}$$

所以

$$p_c = 1.0525 \left(\frac{2}{1.36 + 1}\right)^{\frac{1.36}{1.36 - 1}} = 0.5632 \text{ （bar）}$$

$$\frac{T_c}{T_0} = \left(\frac{p_c}{p_0}\right)^{\frac{\kappa}{\kappa - 1}} = \left(\frac{0.5632}{1.0525}\right)^{\frac{0.36}{1.36}} = 0.847$$

$$T_0 = T_0 \times 0.847 = 1115 \times 0.847 = 944.8 \text{ （K）}$$

喉部截面处的密度：$\rho_0 = \dfrac{p_0}{RT_0} = \dfrac{0.5632 \times 10^5}{287 \times 944.8} = 0.2077 \text{ （kg/m}^2\text{）}$

喉部截面处的流速：$C_0 = 44.72\sqrt{c_p(T_0 - T_c)} = 44.72\sqrt{1.089(1115 - 944.8)} = 608.8$ （m/s）

流量系数 $c_c = 0.96$，故

$$\frac{m}{c_d} = \rho_0 f_c c_c$$

$$f_c = \frac{m}{c_d \rho_c c_0} = \frac{45}{0.96 \times 0.2077 \times 608.8} = 0.370 \text{（m}^2\text{）}$$

故求得喷管喉部截面 $f_c = 0.321\text{m}^2$。

【例 7-2】空气的温度 $t = 12℃$，压力 $p = 760\text{mmHg}$，相对湿度 $\varphi = 25\%$，在进入空调房间前，要求处理到 $d_2 = 5\text{g/kg}$ 干空气，进入空气处理室的空气流量为 $120\text{m}^3/\text{min}$。假定空气处理室所用的喷雾水的水温为 $t_w = 12℃$。若是分别按下列三种过程进行，求进入房间的空气相对湿度、温度、处理每千克干空气由加热器传热的热量。

（1）等干球温度处理。

（2）等相对湿度处理。

（3）绝热加湿处理。

解：（1）等干球温度处理过程。向空气中喷入水，使湿空气的含湿量增加，因为水在蒸发时要吸热，所以空气的干球温度必然要下降（因为将空气的湿热变成了汽化潜热）。因此要维持空气干球温度不变，在喷雾和加湿的同时，还必须用加热盘管向空气供给足够的热量，以维持处理前后空气的干球温度不变。

若喷入空气中的水全部被空气吸收，则根据稳定流动能量方程，由盘管供给空气的热量应为

$$Q = m_a(h_2 - h_1) - m_w h_w$$

由质量平衡 $\qquad m_w = m_a(d_2 - d_1)$

根据 $t_1 = 12℃$，$\varphi_1 = 25\%$，从 $h-d$ 图上查得空气的初参数分别为 $d_1 = 2.1\text{g/kg}$（干空气），$h_1 = 18.5\text{kJ/kg}$（干空气），$v_1 = 0.82\text{m}^3/\text{kg}$

空气处理室出口的参数为 $d_2 = 5\text{g/kg}$（干空气），$t_{\text{drv2}} = 12℃$，$\varphi_2 = 57\%$，$h_2 = 18.5\text{kJ/kg}$（干空气）

流入的空气流量为 $120\text{m}^3/\text{min}$，比容 $v_1 = 0.82\text{m}^3/\text{kg}$。

所以 $\qquad \dfrac{120}{0.82} = m_a + m_a d_1 = m_a(1 + 0.0021)$

$$m_a = \frac{146.34}{1.0021} = 146.03\text{kg}/\text{min}$$

从质量平衡的关系式求得

$$m_w = 146.03\left(\frac{5 - 2.1}{1000}\right) = 0.423\,(\text{kg}/\text{min})$$

所以加热盘管的供热量为

$$Q = 146.03(25 - 18.5) - 0.423 \times 50.4$$
$$= 927.876\,(\text{kJ}/\text{min})$$

（2）等相对湿度处理过程

因为要求出口含湿量 $d_2 = 5\text{g/kg}$ 干空气，所以根据 $\varphi_1 = \varphi_2 = 25\%$ 及 $d_2 = 5\text{g/kg}$ 干空气，由 $h-d$ 图上查得其他各参数分别为 $t_{\text{drv2}} = 25.5℃$，$h_2 = 38.1\text{kJ/kg}$（干空气）

入口空气量仍为 $120\text{m}^3/\text{min}$。

所以 $\qquad m_a = 146.03\text{kg/min}$，$m_w = 0.423\text{kg/min}$，$h_2 = 50.4\text{kJ/kg}$

加热盘管的加热量为

$$Q = m_a(h_2 - h_1) - m_w h_w$$
$$= 146.03(38.1 - 18.5) - 0.423 \times 50.4$$
$$= 2867.5\,(\text{kJ}/\text{min})$$

【例 7-3】 已知气体燃烧产物的 $c_p = 1.089\text{kJ}/(\text{kg}\cdot\text{K})$ 和 $\kappa = 1.36$，并以流量 $m = 45\text{kg/s}$ 流经一喷管，进口 $p_1 = 1\text{bar}$，$T_1 = 1100\text{K}$，$c_1 = 1800\text{m/s}$。喷管出口气体的压力 $p_2 = 0.343\text{bar}$，喷管的流量系数 $c_d = 0.96$；喷管效率为 $\eta = 0.88$。求合适的喉部截面积、喷管出口的截面积和出

口温度。

解: 参看图 7-1 所示。

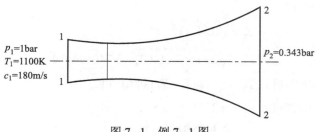

图 7-1 例 7-1 图

已知:$c_d=0.96$,$\eta=0.88$,$\kappa=1.36$,假定气体为理想气体,则:

$$h_0 - h_1 = c_p(T_0 - T_1) = \frac{c_1^2}{2}$$

$$T_0 = T_1 + \frac{c_1^2}{2c_p}$$

$$= 100 + \frac{180^2}{2 \times 1.089 \times 1000}$$

$$= 1114.87\,(\text{K}) \approx 1115\,(\text{K})$$

应用等熵过程参数间的关系式得

$$\frac{p_0}{p_1} = \left(\frac{T_0}{T_1}\right)^{\frac{\kappa}{\kappa-1}}$$

$$p_0 = p_1\left(\frac{T_0}{T_1}\right)^{\frac{\kappa}{\kappa-1}} = 1 \times \left(\frac{1115}{1100}\right)^{\frac{1.36}{1.36-1}} = 1.0525\,(\text{bar})$$

喷管出口状态参数也可根据等熵过程参数之间的关系求得

$$\frac{p_0}{p_1} = \left(\frac{T_0}{T_1}\right)^{\frac{\kappa}{\kappa-1}}$$

即

$$\frac{1.0525}{0.343} = \left(\frac{1115}{T_2}\right)^{\frac{1.36}{1.36-1}}$$

即喷管出口截面处气体的温度为 828.67K。

$$h_0 = h_2 + \frac{c_2^2}{2}$$

$$c_2 = \sqrt{2 \times 1000(h_0 - h_2)} = \sqrt{2 \times 1000 \times c_p(T_0 - T_2)} = 44.72\sqrt{c_p(T_0 - T_2)}$$
$$= 44.72\sqrt{1.089(1115 - 828.67)} = 789.67 \, (\text{m/s})$$

因为喷管效率 $\eta = 0.88$

$$c_2' = \sqrt{0.88 \times c_2^2}$$

所以

$$c_2' = \sqrt{0.88 \times (789.67)^2} = 740 \, (\text{m/s})$$

喷管出口处气体的温度：$T_2' = T_1 - \eta(T_1 - T_2) = 861 \, (\text{K})$

喷管出口处气体的密度：由 $R = 287 \text{J}/(\text{kg} \cdot \text{K})$ 可知

$$\rho_2' = \frac{0.343 \times 10^5}{287 \times 861} = 0.139 \, (\text{kg/m}^3)$$

由质量流量

$$m = \frac{c_2 f_2}{v_2}$$

出口截面积：

$$f_2 = \frac{45}{0.139 \times 740} = 0.438 \, (\text{m}^2)$$

喉部截面处的温度（喉部的参数为临界参数）：

$$\frac{p_c}{p_0} = \left(\frac{2}{\kappa + 1}\right)^{\frac{\kappa}{\kappa - 1}}$$

故

$$p_c = p_0\left(\frac{2}{\kappa + 1}\right)^{\frac{\kappa}{\kappa - 1}}$$

所以

$$p_c = 1.0525\left(\frac{2}{1.36 + 1}\right)^{\frac{1.36}{1.36 - 1}} = 0.5632 \, (\text{bar})$$

$$\frac{T_c}{T_0} = \left(\frac{p_c}{p_0}\right)^{\frac{\kappa}{\kappa - 1}} = \left(\frac{0.5632}{1.0525}\right)^{\frac{0.36}{1.36}} = 0.847$$

$$T_c = T_0 \times 0.847 = 1115 \times 0.847 = 944.8 \, (\text{K})$$

喉部截面处的密度：$\rho_0 = \dfrac{p_0}{RT_0} = \dfrac{0.5632 \times 10^5}{287 \times 944.8} = 0.2077 \, (\text{kg/m}^2)$

喉部截面处的流速：$c_0 = 44.72\sqrt{c_p(T_0 - T_c)} = 44.72\sqrt{1.089(1115 - 944.8)} = 608.8 \, (\text{m/s})$

流量系数 $c_d = 0.96$，有

$$\frac{m}{c_d} = \rho_0 f_c c_c$$

$$f_c = \frac{m}{c_d \rho_c c_0} = \frac{45}{0.96 \times 0.2077 \times 608.8} = 0.370 \, (\text{m}^2)$$

求得喷管喉部截面 $f_c = 0.321 \text{m}^2$。

思考题

【思考题 7-1】湿空气和湿蒸汽、饱和空气和饱和蒸汽，它们有什么区别？

【思考题 7-2】当湿空气的温度低于或超过其压力所对应的饱和温度时，相对湿度的定义式有哪些相同和不同之处？

【思考题 7-3】为什么浴室在夏天不像冬天那样雾气腾腾？

【思考题 7-4】使湿空气冷却到露点以下可以达到去湿目的。将湿空气压缩（温度不变）能否达到去湿目的？

 习　题

【题 7-1】已测得湿空气的压力为 0.1MPa，温度为 30℃，露点为 20℃。求相对湿度、水蒸气分压力、含湿量和焓。（1）按公式计算；（2）查焓湿图。

【题 7-2】已知湿空气的压力为 0.1MPa，干球温度为 35℃，湿球温度为 25℃。试用两种方法求湿空气的相对湿度。

【题 7-3】夏天空气的温度为 35℃，相对湿度为 60%，求通风良好的荫处的水温。已知大气压力为 0.1MPa。

【题 7-4】已知空气温度为 20℃，相对湿度为 60%。先将空气加热至 50℃，然后送进干燥箱去干燥物品。空气流出干燥箱时的温度为 30℃。试求空气在加热器中吸收的热量和从干燥箱中带走的水分。认为空气压力 $p=0.1\text{MPa}$。

【题 7-5】夏天空气温度为 30℃，相对湿度为 85%。将其降温去湿后，每小时向车间输送温度为 20℃、相对湿度为 65% 的空气 10000kg。求空气在冷却器中放出的热量及冷却器出口的空气温度。认为空气压力 $p=0.1\text{MPa}$。

【题 7-6】10℃的干空气和 20℃的饱和空气按干空气质量对半混合，所得湿空气的含湿量和相对湿度各为多少？已知空气的压力在混合前后均为 0.1MPa。

*【题 7-7】将压力为 0.1MPa、温度为 25℃、相对湿度为 80% 的湿空气压缩到 0.2MPa，温度保持为 25℃。问能除去多少水分？

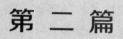

第 二 篇

新能源热力学引论

第八章

锂电池热力学引论

能源是发展的基石，电池是电重要的储存装置，通过电池的电化学/力学耦合作用把化学能转化为动能，实现动力电池功能。金属锂非常活泼，能与许多物质发生反应，但锂金属电池在充电过程中易形成枝晶，并刺破隔膜，导致电池内部短路造成事故。为了克服锂金属电池因活泼性而造成的安全性差和循环性差的缺点，人们用嵌锂化合物代替金属锂作为电极。相对于金属锂，锂离子电池避免了枝晶的生长，提高了安全性。同时，锂离子电池具有工作电压高、应用温度范围宽、自放电率低、环境污染轻等优异的性能，并兼具长寿命、高能量密度与高功率密度等特点。在热力学层面，安全是电池技术首要前提，安全事故是对电池技术的严峻挑战。只有新的热力学结构体系带来的新效应，如热力学梯度结构（图8-1）等，才能引领未来更加安全的适应耐久性的电池技术发展。因此，随着电池技术的发展需求，新电池研究经久不衰。

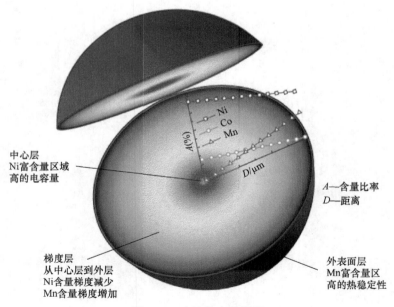

图8-1 电池热力学模型

对于夹杂/基体型磁电梯度结构锂电池，研究人员通过实验研究颗粒体积分数、分布以及大小对宏观电磁性能的影响，研究用高介电粉末填充复合结构实现磁电梯度结构锂电池的可能性；根据使磁电绕射、储能等功能要求，通过调节储能单元在空间的分布、尺寸及含量的变化，使其满足所要求的有效性质的空间梯度变化和各向异性；利用数值方法进行验证和优化，并进行相应的实验和功能测试；利用高介电常数纳米结构（如高介电锂电池梯度纳米结构）的储能性质，将其作为金属（或散射体）的包裹层，设计并测试对磁电储能的影响；根据磁电梯度结构锂电池实验单元的储能性质，通过透射电镜实验研究纳米尺度储能特性，建立该系统纳米尺度锂化进程速度与纳米结构的关系，并进行演化进程的实验验证。

在热力学层面，锂离子电池本质上是锂离子动态浓度梯度结构，是具有锂离子浓度差的电池，正负电极由两种不同的锂离子嵌入化合物组成。充电时，Li^+ 从正极脱嵌，经过电解质嵌入负极，负极处于富锂态，正极处于贫锂态，同时，电子的补偿电荷从外电路供给到负极，保证负极的电荷平衡；放电时则相反，Li^+ 从负极脱嵌，经过电解质嵌入正极，正极处于富锂态。在正常充放电情况下，锂离子在球状梯度结构碳/硅材料和纳米能源系统的层间嵌入和脱出。理想状态是，这种动态过程只引起球面间距变化，不破坏电极晶体结构，如图 8-2 所示。在充放电过程中，电极的结构基本不变。这样，锂离子电池的电极反应才是一种动力电池理想的可逆反应。

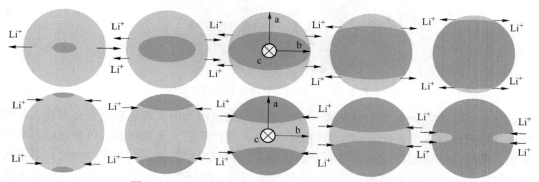

图 8-2　充放电过程锂离子理想动态运行轨迹与过程

动力锂离子电池要求能够高倍率充放电，即大电流、短时间放出足够电能。磷酸铁锂电极的优势是放电倍率和功率密度大，安全性与加速性能好，循环寿命长，成本较低。动力锂电池另一个要求是低温性能好，但 $LiFePO_4$ 电池的缺点是能量密度相对较低，续航里程相对较短，低温性能较差，低温电量损失很大。$LiFePO_4$ 电池在低温下电子电导率很低，其低温性能是其应用于动力电池的巨大障碍。$LiFePO_4$ 电池很难兼顾低温性能和续航要求，其能量密度和电子电导率较低。因此，必须进行改性，才能够提高 $LiFePO_4$ 电池的电导率和能量密度，但这样又可能会导致电池体积过大。纳米能源电极系统可以兼顾这些特点进行优化设计。纳米高容量复合电极按照复合结构形式，可以分为纳米颗粒与活性材料机械混合、原位外包覆结构和原位内填充三种结构。用表面包覆改性法对 $LiFePO_4$ 表面进行包覆与阻隔时，由于表面包覆处理中孪晶密度梯度的存在，后续的体积变形使得材料内部形成梯度多层次孪晶结构。因此，通过微粒表面包覆技术，合理调控电极与电解液接触面积，就可以减少极化作用、应力集中和电解液分解，改善循环性能，在纳米尺度，大大提升能源系统的容量。

目前大多数锂离子电池都采用石墨作为正极，但石墨资源有限，人们开始寻找更好的替代材料。硅储量丰富，占地球表层的 25.8%，用其替代石墨作为锂电池电极非常有潜力。根据热力学理论，在已知的锂电池电极中，硅的理论比容量比石墨的理论比容量大 10 倍。可将硅作为锂电池电极的基体，并将其设计成三维纳米多孔镶嵌复合结构，如图 8-3 所示。这种纳米能源系统电极利用多孔与镶嵌技术，大大改善了锂电池的循环性能、电容量和导电率。但是，硅电极在使用过程中，由于 Li⁺ 的嵌入和脱出，会使电极纳米结构产生非常大的体积变形，导致锂电池性能剧烈衰退。

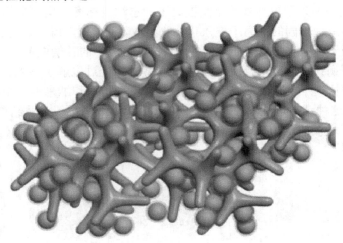

图 8-3 三维纳米硅电极多孔复合结构

硅基材料具有高比容量，使其成为锂电池的理想电极，但其容量衰退仍是难题。硅电极在脱嵌锂过程中存在体积膨胀和收缩的固有属性，其体积变化无法抑制，可通过硅基材料的纳米化、薄膜化与硅固体电解质界面复合化等来改善硅电极的微裂纹萌生。然而，硅基锂电池循环过程中容易出现电极粉化失效，导致容量损失，严重制约容量大、功率高的硅基锂动力电池的市场化应用。锂离子电池在连续充放电过程中易发生容量损失与性能衰退的原因，从纳米能源系统角度可做出合理的解释——电极表面出现了纳米尺度的不同程度粉化，如图 8-4 所示。根据热力学定律，基于塑性变形的热力学耦合理论模型，硅电极在循环充放电后会出现粉化失效，随着充放电过程的继续进行，材料表面出现更加严重的裂纹，甚至剥落，这大大影响了电极与活性材料的工作效率，导致循环性能退化。由于该锂化过程会发生塑性变形，急需建立考虑塑性变形的热力学耦合模型。电极嵌脱锂过程中的变形分为两个部分，即弹性应变和塑性应变。其中弹性变形没有破坏材料原子间的化合键。

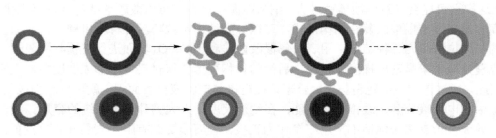

图 8-4 基于热力学的电极的粉化失效耦合模型

　　纳米硅容量与安全性均高于石墨，且来源丰富，价格便宜，存在的问题就是体积变化和应力梯度效应。在热力学层面，基于热力学的非局部理论，锂化后体积增加了，在硅脱嵌锂离子的过程中，涉及热力学耦合作用。充放电过程中，锂离子电池电极反复循环嵌锂与脱嵌的运行机制，导致电池储能结构体积变化大。

 思考题

　　基于新能源热力学方法，讨论锂电池今后的发展方向与应用前景。
　　分析锂电池在高温与低温环境下应用的特点，提出需要的改进方法。

第九章

燃料电池热力学引论

一、质子交换膜燃料电池热力学引论

当前，人类面临石油储量日渐枯竭的难题，若不找到真正实用的替代能源，人类未来发展必会受很大限制。而这种替代能源有许多种形态，诸如水力、风力、潮汐、地热、生物能、太阳能与氢能（燃料电池）等。这些再生能源的共性，就是能够在自然环境中生生不息。氢能以零污染的特点成为重要的新兴能源，其应用主要包括直接燃烧与燃料电池两种。就污染程度、效率高低与应用范围来看，燃料电池都将成为未来新能源的重要选择。电动汽车所用的燃料电池将燃料和电池两种设计思想有机结合，是可靠的能源系统。只要不断地供给燃料，即可连续供电，不会对环境造成污染，且能量效率与运转稳定性皆较传统内燃机高，并且具有易维护和可再生使用等优点。质子交换膜燃料电池（Proton exchange membrane fuel cells，PEMFC）作为新能源汽车的亮点与标志，为世界工业发展提供了极好的能源转型机遇。与磷酸、熔融碳酸盐与固体氧化物燃料电池相比较，PEMFC 具有无腐蚀性、寿命长，重量轻、体积小、比功率大，操作温度低、起动快，设计简单与制造容易等特点，工作温度为 $70\sim100\,℃$，工作效率达 $45\%\sim55\%$。其市场发展潜力令世人瞩目，应用前景极为广阔。

PEMFC 是不经过燃烧直接以电化学反应方式，将燃料的化学能转变为电能的电动汽车动力系统。电动汽车的 PEMFC 有正极和负极，通过电解质将两极隔开，通过反应变为电能输出。PEMFC 的工作过程：燃料中的氢与氧化剂中的氧，分别在电解质两边的正负极上发生反应，生成水，同时产生电流，如图 9–1 所示。PEMFC 工作时，向负极供给燃料氢，向正极供给氧化剂空气。氢在负极分解成正离子 H^+ 和电子 e^-。H^+ 进入电解液中，而电子则沿外部电路移向正极。在正极上，空气中的氧同电解液中的 H^+，吸收抵达正极上的电子形成水。当源源不断地从外部向燃料电池供给燃料和氧化剂时，PEMFC 可以连续发电。氢气是 PEMFC 的燃料，氧是 PEMFC 的氧化剂，可从空气中获取。氢气具有高的电化学反应活性，可从石油、天然气与甲醇等燃料中转化而得。PEMFC 用高分子膜作为电解质膜，负极产生 H^+ 穿过高分子膜到达正极，并在那里被还原。

PEMFC 核心结构包括薄膜（membrane）、电极（electrode）、催化剂层（catalyst layer）、气体扩散层（gas diffusion layer）和双极板（bipolar plates）。其中薄膜是传导质子的高分子聚合物膜，其两面分别为正、负电极的催化剂层，也就是负极与正极中间夹了一层高分子质子交换膜。电极、催化剂层与双极板间还有一层气体扩散层。质子交换膜有传导氢离子的功能，其一侧供应氢气（正极），另一侧供应氧气（负极），且能隔绝两侧气体。适当水分有助于膜

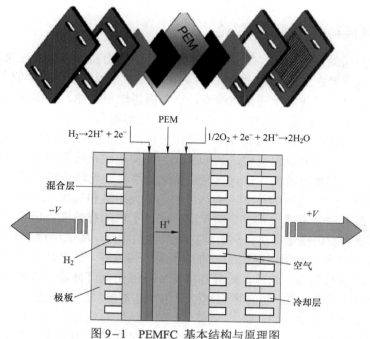

$H_2 \rightarrow 2H^+ + 2e^-$　　PEM　　$1/2O_2 + 2e^- + 2H^+ \rightarrow 2H_2O$

混合层

$-V$　　　　H^+　　　　$+V$

H_2

极板　　　　　　　　　　　　　空气

冷却层

图 9-1　PEMFC 基本结构与原理图

内氢离子的传导。水是在负极产生：水太多会留在负极，使氧气输送受到影响；水不足会使质子交换膜过于干燥，增加氢离子阻抗，使质子传导功能变差。科研人员在接近燃料电池实际工作的条件下，考察石墨烯/Pt 纳米催化剂对甲醇电氧化反应与氧化还原反应的催化活性。他们通过现场交流阻抗技术，研究催化电极在工作过程中内阻、电荷传递电阻和阻抗等的变化规律，探讨催化电极稳定性的控制因素，反馈优化纳米电催化剂的设计，模拟实际应用工况，对 PEMFC 进行超过 5000h 的催化剂性能与稳定性评估。对于负载型贵金属催化剂，氧化物载体与金属纳米颗粒之间存在着微妙的金属-氧化物界面协同效应。因此，不同氧化物负载的金属纳米颗粒在催化反应中的表现有很大差异。在空心框架结构中，分子从三个方向都可以到达催化剂表面，Pt 利用率更高，如图 9-2 所示。该结构有局部的分相，Pt 在表面富集，具有更高的利用率，其活性比商业 Pt 碳高了不少倍。研发人员考察膜孔结构及聚集态结构对质子传输性能的影响，通过单体种类、聚合条件对共聚物分子量大小和分布、官能团的排布方式和含量等因素影响，根据离子聚合物状态、亲憎水性梯度分布、聚合物分布及聚集体状态和结构等影响规律，构建了纳米结构可控的三维空心结构。他们运用热动力学方法模拟基本结构单元的动态行为，结合催化剂纳米结构表征，获得了有序化分子、电子与离子热动力学的关系，可指导催化剂纳米结构设计和功能调控。

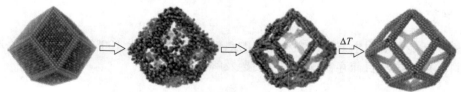

ΔT

图 9-2　PtNi 纳米空心框架结构模型与纳米尺度表征

二、石墨烯燃料电池热力学引论

未来全球能源需求增速迅猛，新能源产量增速将明显提高，石墨烯在能量储存、传输和转换等方面具有巨大潜在应用价值，但它能否真正促进能源领域核心技术的发展仍需要探索。人们通过设计和控制石墨烯纳米能量系统设计出石墨烯燃料电池。石墨烯燃料电池使用寿命长，是传统电池的 4 倍，重量仅为传统电池的一半。虽然石墨烯燃料电池具有各种优良性能，但其成本并不高。石墨烯燃料电池的成本将比传统电池低 77%，使得燃料电池汽车更轻，进而提高汽车能源效率，续航里程有望达到 800km。燃料电池是将燃料具有的化学能直接变为电能的发电装置，与其他电池相比，具有能量转化效率高、无环境污染等优点。

质子传导薄膜是燃料电池的技术核心，燃料电池使用氧和氢作为燃料，将输入的化学能转化成为电流。现有质子薄膜上常有燃料泄漏，降低了电池有效性。但质子可较容易地穿越石墨烯膜，而其他物质则很难穿越，从而解决燃料渗透难题，增加电池的有效性。与氮化硼、MoS_2 相比，石墨烯具有单原子层厚度的二维纳米质子传导膜，性能更佳，其他物质很难穿越，从而解决了燃料渗透的问题。此外，升高温度或加入催化剂可显著促进质子穿越的过程。石墨烯不透水，却能让质子通过，可在燃料电池里用作超薄滤膜。质子通过石墨烯的能力显示，石墨烯可以作为把氢气从空气中分离的滤网，有助于从燃料电池的氢里获取电量。燃料电池能把氢气分解为质子和电子，从而把存储在氢中的化学能转化为电能。电子沿外部通道形成电流，质子则通过电池石墨烯膜流动。目前商用 Nafion 薄膜厚度约 $10\mu m$，却仍不能完全防止氢泄漏，也无法让质子顺畅流动，因此大大减损了能量效率。石墨烯的导电能力强，与其有关的能源技术也源源不断问世。石墨烯是单层碳原子，这些碳原子排列成六角形或细铁丝网围栏的形状。石墨烯拥有导电电子，电子能量与其动量成正比。石墨烯纳米复合结构并不仅局限于六角形，实际上石墨烯复合结构能以三明治、层合等形态存在，虽其形状不同，但石墨烯能以活性自由或锁止通道形态存在。

随着石墨烯燃料电池技术的发展，新电池商业技术也随之不断发展，石墨烯燃料电池可提供更高的功率和能量密度，在动力电池应用等方面均有显著优势。大型燃料电池组可采取层叠与串并联结合的技术思路，可采用 3D 与 4D 打印等新技术进行多功能化设计与制备，在能源转化和传输效率方面可望显著提高。未来的石墨烯燃料电池，由于具有比传统电池更高的安全性、能量密度和更广的应用领域，必将对人们的生活和经济的发展做出更大的贡献。石墨烯燃料电池的设计与表征实现了从化学能到电能的转化，是石墨烯发展中的新亮点，开启了石墨烯能源发展的新领域。石墨烯燃料电池的应用范围覆盖可再生与可持续能源等广泛领域，在电动汽车和电源系统等现代工业领域具有极其诱人的应用前景。

思考题

① 基于新能源热力学方法，燃料电池的热效率可能略大于 100% 吗？请说明其原因。

② 讨论燃料电池目前存在哪些主要问题及解决措施。

第十章

太阳能电池热力学引论

　　能源是世界经济发展的支柱，也是人类赖以生存与进步的基础。目前，在传统能源日渐枯竭与环境保护日益严峻的双重压力下，能源传输、转换及储存技术发生巨大变革，发展可再生能源替代传统能源迫在眉睫。人类对高性能能源系统提出了新要求。目前，太阳能发展日新月异，发展迅猛。为了探讨太阳能的重要意义与价值，人们得到了太阳能在各种可再生能源中的利用率。同时，也分析了世界部分国家对太阳能的利用率。最近，为了应对现代社会电动汽车无线充电、太阳能空间发电与海上输电技术等的迫切需求，无线电能技术迅猛发展。这对太阳能技术的发展起到巨大促进作用。无线电能技术是指不经电缆将电能从发电装置传送到接收端的技术，其具备的安全、节能、环保与节约成本等巨大优势，是不可替代的技术。但该技术最大的困难在于，如何解决无线波的能量在传输中的弥散和衰减问题。对于无线通信来说，波的弥散可能是好事，但无线能量传输则恰恰相反。太阳能电池无线技术可将太空的发电装置获得的电能通过微波向地面传输，若使用直径两三千米的巨大太阳能电池板进行太空发电，将能达到一台常用的百万千瓦装机容量的核电机组发电水平。此外，该技术有望应用于海上发电站向陆地、特别是自然条件艰险地区输电以及电动汽车无线充电等重要工业领域，有极其巨大的应用需求空间。该技术还可使太阳能电池卫星静止在距离地面 3.5 万 km 高空，源源不断地为地面城市供电。

　　目前，市场销售的太阳能电池主要以单晶硅为原料。现有单晶硅电池生产能耗，甚至大于其生命周期内捕获的太阳能，应用价值可能不大。乐观估计，至少需要 20 年的发展，才可能使得单晶硅电池所获得的太阳能大于生产其所消耗的能量。同时，单晶硅生产过程产生大量有毒有害物质，对环境污染严重。因此，各种新型低成本、环保与节能太阳能电池不断应运而生。

　　太阳能电池宏观器件与纳米结构之间存在巨大尺度跨度，因此纳米技术在太阳能电池宏观器件中的应用遇到新挑战，例如：电池纳米尺寸效应、光子穿梭效应及透光限制效应等亟待解决。人们设计了太阳能电池纳米–微米电极复合体系与宏观多尺度组装结构，试图调控太阳能电池宏观器件与纳米结构的多尺度差异，深化纳米结构与宏观器件的融合应用的思路。基于纳米结构平板基底的太阳能电池电极的超高光电流现象，为新型、高效太阳能电池多尺度设计提供了途径，预示了太阳能电池理论最高效率进一步提高的可能性。他们设计了高效捕光结构，是实现高效太阳能电池的基础。该太阳能电池捕光结构中，光子吸收主要采用透过、散射与栅格结构，如图 10–1 所示。例如，在太阳能电池散射结构中，入射光子通过电极，发生散射，穿过纳米孔洞，到达光敏界面被吸收，工作光路结构简单，入射路径高效。

而传统太阳能电池透光面电极不同，界面上反射耗散严重，捕光结构切入点很有限，效率较低。另外，传统电极的导电性及透光性，严重限制了电池材料选择范围和基板结构、纳米形态的设计自由度等。

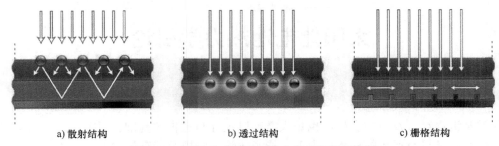

a) 散射结构　　　　　　　　b) 透过结构　　　　　　　　c) 栅格结构

图 10-1　太阳能电池高效捕光平板结构示意图

对于量子点太阳能电池，首先在去除皮层的光纤上，依次镀上 ITO 透明导电层和 ZnO 晶层，构筑了光纤基底和垂直生长在光纤基底表面的纳米结构；然后通过水热法生长氧化锌单晶纳米线覆盖光纤表面，如图 10-2 所示。他们对电极进行敏化处理，涂敷了空穴传输层，组装成太阳能电池电极。电池工作过程中，外光从光纤的一端导入，光子沿光纤传输的过程中，多次掠过光纤芯层与/ITO 层的界面，并部分穿过界面，到达染料层，光子被充分吸收。多次通过光纤芯层/ITO 层界面，大大增加了太阳能电池对光子的吸收。同时，该类太阳能电池在柔性导电光纤基底上，构筑了高密度电荷分离孔洞和有序长程载流子传输通道，因此，大大提高了太阳能电池的光电转换效率。

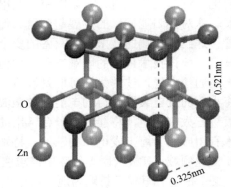

图 10-2　纳米 ZnO 量子点太阳能电池模型

充分利用太阳能是解决目前人类面临的能源短缺和环境污染等问题的根本途径。作为第三代太阳能电池的代表，基于纳米尺度的无机、有机半导体材料及三维互穿网络结构石墨烯的新型太阳能电池，有望实现廉价获取太阳能源，受到各国科研工作者的关注。近年来，环境友好、廉价高效的新型太阳能电池迅猛发展。太阳能电池的结构模型、性能与表征，是影响太阳能电池电能输出特性等的重要决定因素。基于可编织结构、纳米颗粒物及量子点等的光敏太阳能电池，通过纳米结构以及原子组成，有针对性地调节材料的能级结构。在设计时，太阳能电池中活性层材料物理化学性能的改变，如不同的纳米颗粒形状和 TiO_2 薄膜厚度等，都会对电池的输出性能产生影响。封装时，考虑到有效区域内电荷均匀传输的特性，太阳能电池的总面积要大于电池的设计面积与捕光面积。随着太阳能电池子电池模块的增加，电池有效面积比例增大，但子电池串联内阻增大，光电转换效率降低。未来太阳能电池发展重点为，调控太阳能电池能级结构和纳米尺度的特殊结构，使之适合太阳能电池载流子传输特性与光谱响应特性，并能匹配载流子传输特性。

目前日常消费产品中太阳能电池的转化效率还很低，工业太阳能电池的转换效率也仅接近 10%，这意味着，人类通过太阳能电池虽然得到了可供利用的电能，但同时，绝大部分太阳能都因为各种原因耗散了，没有转变成可供利用的有价值电能，这是非常可惜的。如果再考虑太阳能电池的制造成本和能源消耗，那成本将是很高的。因此，研制高效、成本合理的太阳能电池是全人类面临的巨大挑战。人们需要高效率、低价、节能与环保的太阳能电池。经过 25 年的发展，继多晶硅及薄膜太阳能电池之后，第三代太阳能电池开发取得突破，在转化效率、电极性能等方面取得了新进展，但在成本、稳定性与可靠性等方面还有很大提升空间。真正使太阳能电池走向产业化，造福于人类，还需要世界各国科学家的不懈努力。

思考题

基于新能源热力学方法，讨论提高太阳能电池效率的主要途径，以及降低太阳能电池成本的措施。

第十一章

固态电池热力学引论

在人类社会可持续发展的进程中，一直都在排放 CO_2。随着人类社会的发展，人口的增加与经济的增长等必将使 CO_2 排放增加。工业与交通领域能源燃料燃烧也是产生 CO_2 排放的重要原因之一，特别值得关注的就是车辆领域。科学家们认为 CO_2 过度排放已经并将继续为地球和人类带来环境污染。因此，控制和减少 CO_2 排放量是全球可持续发展共同面临的严峻挑战。随着电动汽车技术的发展，如何通过纳米新技术来节能减排，成为目前全球瞩目的可持续发展能源技术的新亮点。传统能源电池常使用液体电解质，会遭受电池电极与液体电解质特有的不良反应。用固体代替液体电解质可提高电池的稳定性和使用寿命，而且不需要额外元件使其保持稳定，可以使电池体积更小。固体电解质与更广泛的电池兼容，可提供更高的功率和能量密度。固态电池组比传统电池更安全、寿命更长，在可持续能源车辆动力电池等领域均有显著优势。随着电动汽车大型电池组需求量的增加，要实现固态电池的产业化应用，还有诸多问题需解决。例如，固态电池的造价非常昂贵，如何降低成本是难题。与其他工业固态能源系统一样，通常设计制造方法会限制固态电池尺寸，而尺寸反过来又限制固态电池的能量存储容量。因此，以往固态电池只能有限地使用在小型设备中，无法应用于电动汽车等大型工业电池组。

锂硫电池离子导电率较高，配合高电压、高容量电极使用，可大幅提高电池能量密度及功率密度，是高容量、大功率理想动力电池。但是，对锂硫电池能源系统设计的应用技术要求很高，使其产业化较困难。目前，**锂硫电池**尚处于科研阶段。锂硫电池主要存在的问题是，硫化物电解质成本过高，且与电极相容性差。锂硫化合物易溶于电解质，硫作为不导电的物质，导电性非常差，不利于电池的高倍率性能。硫在充放电过程中，体积变化非常大，易导致电池损坏。面对这些难题，主要解决方法是从电解质和正极两个方面入手。电解质方面，用固态电解质，有效缓解锂硫化合物溶解问题；正极方面，采用纳米复合结构能源系统设计方法。设计混合阳极结构来操纵锂硫电池表面反应，在锂电极前加一层氢氧化锂修饰的石墨（人工保护层），能有效减小反应过程负面效应，其模型如图 11-1 所示。在循环 400 次后，电池比容量达 $800mA \cdot h/g$，远高于现广泛应用的钴酸锂电池容量 $150mA \cdot h/g$，且锂硫电池理论放电质量比能量高达 $2100W \cdot h/kg$。这种电池设计有着重要的意义，备受关注。

为满足电动汽车等新兴工业的应用，需要设计和开发能量可调的大型能源系统。反过来电动汽车中的激励、压力与振动信号，又为能源系统提供了丰富的能量来源。然而直接用传统器件去采集这些能量却非常困难，实施这些能量的传输与转换也十分烦琐。为了解决这些难题，压电效应与压电能量效应就显得尤为重要。压电效应是压电器件在应力作用下产生形变时出现内部电势现象，广泛应用于电池和能源领域。当压电器件受到外加应力时，由于离子极化产生极化电荷，可有效改变电极界面势垒和电子输运性质。压电能量效应是利用应变作用引起的电极界面极化电荷，调制电极界面处能量结构，进而有效地调节和控制电池能量转换，优化电子输运。非对称性单原子层二维材料 MoS_2 具有显著理论压电能量效应。然而，该压电能量效应从未在实验中被观测验证过。快速充电也是现在电池技术的难题。电池损耗的重要原因是在充放电过程中，正负电极在吸收和释放电解质中离子时自身的膨胀和收缩。在充放电过程中，电极纳米粒子会相对统一地吸收和释放离子。但是如果只有少部分粒子吸收了所有离子，那么电极会加速损坏，减少电池寿命。科学家们利用不同的电流对电池组进行不同时长的充电，然后迅速将它们分离并阻止充电/放电过程，还将电极切成薄片，并利用同步加速 X 射线检测。锂电池电极里微小粒子行为研究显示，对电池快速充电，然后用于高功率快速耗电的工作，对电池的损伤没有人们预想的那么差，而缓慢充电和耗电所带来的益处可能也被过度夸大。快速充电电池电极里微小粒子的模型如图 11-2 所示。这项结果挑战了有关快速充电比缓慢充电，对电极要求更高的观点。改变电池电极或改变充电方式，可以提升统一的充电和放电过程，从而延长电池寿命。

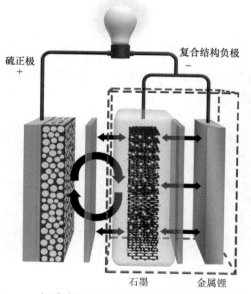

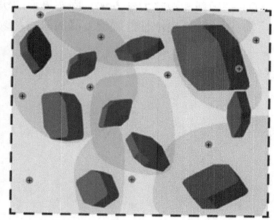

图 11-1　锂硫电池混合阳极结构设计模型示意图　　图 11-2　快速充电过程电池电极纳米粒子的动态模型

　　纳米多孔电池，只需 12min 可完全充满，较目前长达数小时的充电周期大幅缩短。这种电池内部纵向排列了数以百万计的纳米孔，每一纳米孔均内含固态电解质，两端作为阴阳极。也就是说，每一个纳米孔都是一个微型电池，它们组成纳米阵列进行充放电。科学家将能量存储材料覆盖在纳米孔的两端，然后加入电解质，由此每个独立纳米孔都将成为一个电池，将它们并联起来共同供电，如图 11-3 所示。该电池技术将使电动汽车完全充电仅需 12min，更重要的是，这项发明将带来人们长期寻找的微型化能量存储元件。纳米孔是非常微小的孔结构，其直径不足头发丝直径 8 万分之一，放置在一个陶瓷薄片上。该电池在纳米孔电极末端之间保持电荷，数百万个纳米孔单元可容纳在一个邮票大小的电池上，可使用 7000 次。快速充电技术具有广阔的发展前景。

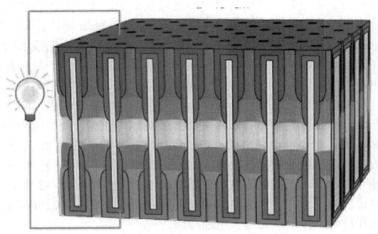

图 11-3　快速充电多孔纳米电池的模型

　思考题

① 基于新能源热力学方法，固态电池的快速充电设计方案有哪些？请说明其原因。
② 讨论固态电池性能缓慢下降的原因及改进措施。

参 考 文 献

[1] 朱明善，刘颖，林兆庄，等. 工程热力学 [M]. 2 版. 北京：清华大学出版社，2013.

[2] 吴晓敏. 工程热力学精要与题解 [M]. 北京：清华大学出版社，2012.

[3] 谭羽非. 工程热力学 [M]. 北京：化学工业出版社，2010.

[4] 廉乐明，谭羽非，吴家正，等. 工程热力学 [M]. 5 版. 北京：中国建筑工业出版社，2007.

[5] 毕明树，冯殿义，马连湘. 工程热力学 [M]. 2 版. 北京：化学工业出版社，2008.

[6] 李岳林. 工程热力学与传热学 [M]. 2 版. 北京：人民交通出版社，2013.

[7] 冯青，李世武，张丽. 工程热力学 [M]. 2 版. 西安：西北工业大学出版社，2006.

[8] 袁艳平，曹晓玲，孙亮亮. 工程热力学与传热学实验原理与指导 [M]. 5 版. 北京：中国建筑工业出版社，2013.

[9] 杜雅琴，尚玉琴. 工程热力学 [M]. 北京：电子工业出版社，2015.

[10] 周艳，苗展丽，李晶. 工程热力学 [M]. 北京：化学工业出版社，2014.

[11] 华永明. 工程热力学 [M]. 北京：中国电力出版社，2013.

[12] 鄂加强. 工程热力学 [M]. 北京：中国水利水电出版社，2010.

[13] 华自强，张忠进，高青. 工程热力学 [M]. 4 版. 北京：高等教育出版社，2009.

[14] 章学来. 工程热力学 [M]. 北京：人民交通出版社，2011.

[15] 何雅玲. 工程热力学精要解析及典型题精解 [M]. 西安：西安交通大学出版社，2008.

[16] 沈维道，童钧耕. 工程热力学 [M]. 4 版. 北京：高等教育出版社，2012.

[17] 童钧耕. 工程热力学学习辅导与习题解答 [M]. 2 版. 北京：高等教育出版社，2012.

[18] 严家騄. 工程热力学 [M]. 4 版. 北京：高等教育出版社，2006.

[19] 王修彦. 工程热力学 [M]. 北京：机械工业出版社，2008.

[20] 曾丹苓. 工程热力学 [M]. 3 版. 北京：高等教育出版社，2002.

[21] 何雅玲. 工程热力学常见题型解析及模拟题 [M]. 西安：西北工业大学出版社，2004.

[22] 陈新志，蔡振云，胡望明. 化工热力学 [M]. 2 版. 北京：化学工业出版社，2005.

机械工业出版社 CHINA MACHINE PRESS | 汽车分社

读 者 服 务

机械工业出版社立足工程科技主业，坚持传播工业技术、工匠技能和工业文化，是集专业出版、教育出版和大众出版于一体的大型综合性科技出版机构。旗下汽车分社面向汽车全产业链提供知识服务，出版服务覆盖包括工程技术人员、研究人员、管理人员等在内的汽车产业从业者，高等院校、职业院校汽车专业师生和广大汽车爱好者、消费者。

一、意见反馈

感谢您购买机械工业出版社出版的图书。我们一直致力于"以专业铸就品质，让阅读更有价值"，这离不开您的支持！如果您对本书有任何建议或意见，请您反馈给我。我社长期接收汽车技术、交通技术、汽车维修、汽车科普、汽车管理及汽车类、交通类教材方面的稿件，欢迎来电来函咨询。

咨询电话：010-88379353　　编辑信箱：cmpzhq@163.com

二、课件下载

选用本书作为教材，免费赠送电子课件等教学资源供授课教师使用，请添加客服人员微信手机号"13683016884"咨询详情；亦可在机械工业出版社教育服务网（www.cmpedu.com）注册后免费下载。

三、教师服务

机工汽车教师群为您提供教学样书申领、最新教材信息、教材特色介绍、专业教材推荐、出版合作咨询等服务，还可免费收看大咖直播课，参加有奖赠书活动，更有机会获得签名版图书、购书优惠券。

加入方式：搜索 QQ 群号码 317137009，加入机工汽车教师群 2 群。请您加入时备注院校+专业+姓名。

四、购书渠道

机工汽车小编
13683016884

编辑微信

我社出版的图书在京东、当当、淘宝、天猫及全国各大新华书店均有销售。
团购热线：010-88379735
零售热线：010-68326294　88379203